本丛书支持单位

教育部高等学校人文社会科学重点研究基地郑州大学公民教育研究中心
中国思想政治工作研究会
河南省育英素质教育研究院

新时代公民道德建设丛书>>>>>

新时代
家庭美德建设读本

尹红领 王雪萍◎编著

中国言实出版社

图书在版编目（CIP）数据

新时代家庭美德建设读本 / 尹红领，王雪萍编著 . -- 北京：中国言实出版社 , 2020.3

ISBN 978-7-5171-3435-0

Ⅰ . ①新… Ⅱ . ①尹… ②王… Ⅲ . ①家庭道德—中国—通俗读物 Ⅳ . ① B823.1-49

中国版本图书馆 CIP 数据核字（2020）第 037705 号

责任编辑 佟贵兆
责任校对 霍　瑶

出版发行 中国言实出版社
　　　　　地　　址：北京市朝阳区北苑路 180 号加利大厦 5 号楼 105 室
　　　　　邮　　编：100101
　　　　　编辑部：北京市海淀区北太平庄路甲 1 号
　　　　　邮　　编：100088
　　　　　电　　话：64924853（总编室）　64924716（发行部）
　　　　　网　　址：www.zgyscbs.cn
　　　　　E-mail：zgyscbs@263.net
经　　销 新华书店
印　　刷 徐州绪权印刷有限公司
版　　次 2020 年 6 月第 1 版　2020 年 6 月第 1 次印刷
规　　格 710 毫米 ×1000 毫米　1/16　14.5 印张
字　　数 147 千字
定　　价 38.00 元　ISBN 978-7-5171-3435-0

在守正创新中
推进新时代公民道德建设

（代序）

清华大学高校德育研究中心副主任、文科资深教授　吴潜涛

　　加强公民道德建设、提高全社会道德水平，是全面建成小康社会、全面建设社会主义现代化强国的战略任务。党的十八大以来，以习近平同志为核心的党中央高度重视公民道德建设，立根塑魂、正本清源，作出一系列部署，推动思想道德建设取得显著成效。中共中央、国务院 2019 年 10 月印发的《新时代公民道德建设实施纲要》（以下简称《纲要》），彰显了新时代的鲜明特征，为在守正创新中推进新时代公民道德建设提供了科学指导。

以习近平新时代中国特色社会主义思想贯穿始终

　　《纲要》无论是在逻辑框架、内容安排方面，还是在理论分析、实践举措方面，都始终坚持以习近平新时代中国特色社

会主义思想为指导。

《纲要》由序言和 7 个部分组成。深入学习贯彻《纲要》精神，可以按照内容将其分为 5 个板块：第一板块是序言部分，主要论述加强新时代公民道德建设的理论意义和实践价值；第二板块由第一部分"总体要求"和第二部分"重点任务"组成，主要论述新时代公民道德建设的总体要求和重点任务，揭示新时代公民道德建设的内容体系；第三板块由第三部分"深化道德教育引导"和第四部分"推动道德实践养成"组成，主要论述新时代公民道德建设的教育与实践；第四板块是第五部分"抓好网络空间道德建设"，主要论述网络空间道德建设这一广受关注的时代课题；第五板块由第六部分"发挥制度保障作用"和第七部分"加强组织领导"组成，主要论述新时代公民道德建设的制度保障和组织领导。《纲要》的框架结构、内容安排，始终贯彻习近平新时代中国特色社会主义思想特别是习近平同志关于公民道德建设的重要论述精神。贯彻落实《纲要》精神，要把握好我们党关于加强新时代公民道德建设的整体部署和安排，坚持道德认知与道德实践相结合、道德教育与法治保障相统一，确保新时代公民道德建设的社会主义方向。

党的十八大以来，习近平同志发表一系列重要讲话，提出了许多关于公民道德建设的新思想新观点新要求，为新时代公民道德建设提供了根本遵循。《纲要》运用习近平同志关于公民道德建设重要论述中的新思想新观点新要求，科学回答新时代公民道德建设中的一系列重大问题。例如，随着中国特色社会主义进入新时代，人们的"绿水青山就是金山银山"意识越来越强烈。《纲要》强调"绿色发展、生态道德是现代文明的重要标志，是美好生活的基础、人民群众的期盼"，强调要积极践行绿色生产生活方式，引导人们做生态环境的保护者、践行者。又如，关于国家形象的塑造，习近平同志强调要重点展示文明大国形象、东方大国形象、负责任大国形象、社会主义大国形象。《纲要》强调"公民道德风貌关系国家形象"，并把新时代公民道德建设实践拓展到对外交流交往活动中，引导人们在各种涉外活动和交流交往中展示文明素养、展现中华美德，树立自尊自信、开放包容、积极向上的良好形象。学习贯彻《纲要》精神，要与认真学习贯彻习近平同志关于公民道德建设的重要论述有机结合起来。只有这样，才能更加深刻理解《纲要》的精神实质和实践要求。

对公民道德建设规律的认识达到新高度

《纲要》总结了 2001 年党中央印发《公民道德建设实施纲要》以来，特别是党的十八大以来我国公民道德建设的基本经验，赋予其适应新时代要求的鲜活内容，标志着我们党对公民道德建设规律的认识达到新高度。

坚持教育引导与实践养成相统一。加强公民道德建设，必须坚持教育引导与实践养成相统一。《纲要》坚持公民道德建设这一基本经验，适应新时代要求，结合公民思想道德实际，在教育引导和实践养成的方法路径上作出新的部署和安排。在深化教育引导方面，《纲要》指出，要把立德树人贯穿学校教育全过程，用良好家教家风涵育道德品行，以先进模范引领道德风尚，以正确舆论营造良好道德环境，以优秀文艺作品陶冶道德情操，发挥各类阵地道德教育作用，抓好重点群体的教育引导。在推动道德实践养成方面，《纲要》指出，要广泛开展弘扬时代新风行动，深化群众性创建活动，持续推进诚信建设，深入推进学雷锋志愿服务，广泛开展移风易俗行动，充分发挥礼仪礼节的教化作用，积极践行绿色生产生活方式，在对外交流交往中展示文明素养。

坚持道德教育与制度保障相统一。法安天下，德润人心。公民道德建设是一个复杂的社会系统工程，既要靠教育倡导，也要靠法治惩恶扬善的力量，还要靠政策价值导向和各种行政规章的保障。坚持道德教育与制度保障相统一，是我国公民道德建设在长期实践中积累的基本经验，也是道德建设必须遵循的基本规律。《纲要》总结了 2001 年以来在公民道德建设中充分发挥法律法规支撑、政策制度保障作用的新鲜经验，从强化法律法规保障、彰显公共政策价值导向、发挥社会规范的引导约束作用、深化道德领域突出问题治理等四个方面，深刻论述了法治对道德建设的保障和促进作用，丰富了新时代公民道德建设制度保障的科学内涵，明确了新时代公民道德建设发挥制度保障作用、增强道德教育实效性的基本要求和具体举措。

坚持目标导向与问题导向相统一。坚持问题导向是马克思主义的鲜明特点。只有以重大问题为导向，抓住道德建设中的突出矛盾和关键问题，多维发力、综合施策，才能实现公民道德建设的目标。《纲要》坚持目标导向与问题导向相统一，在紧紧围绕新时代公民道德建设总体目标谋篇布局的同时，始终贯穿着强烈的问题意识与鲜明的问题导向。比如，在道德理论方面，强调价值引领、精神支撑；在道德实践方面，突出抓好网络空间的道德建设。

公民道德建设理论的新突破

时代是思想之母，实践是理论之源。《纲要》在公民道德建设理论上有不少新突破。概括起来讲，主要有以下几个方面。

道德领域问题根源的新揭示。《纲要》指出："在国际国内形势深刻变化、我国经济社会深刻变革的大背景下，由于市场经济规则、政策法规、社会治理还不够健全，受不良思想文化侵蚀和网络有害信息影响，道德领域依然存在不少问题。"这一论述深刻揭示了公民道德建设领域道德失范现象的根源，反映了我们党对社会主义市场经济条件下道德建设规律的深刻把握。

公民道德建设内容体系的新发展。习近平同志在党的十九大报告中指出："必须推进马克思主义中国化时代化大众化，建设具有强大凝聚力和引领力的社会主义意识形态，使全体人民在理想信念、价值理念、道德观念上紧紧团结在一起。"《纲要》按照这一要求构建新时代公民道德建设的内容体系。《纲要》坚持以习近平新时代中国特色社会主义思想为指导，以培养和造就担当民族复兴大任的时代新人为出发点和落脚点，强调新时代公民道德建设要"以为人民服务为核心，以集体主义为原则，以爱祖国、爱人民、爱劳动、爱科学、爱社会主义为基本要求""把社会公德、职业道德、家庭美德、个人品德建设作为着力点"，把"筑牢理想信念之基""培育和践行社会主义核心价值观""传承中华传统美德""弘扬民族精神和时代精神"作为重点任务。这一内容体系，是对《公民道德建设实施纲要》中提出的社会主义公民道德建设内容体系的完善和发展。

个人品德内涵的新界定。加强公民道德建设，提高公民文明素养，最终要落实到公民个人品德的养成上。自党的十七大报告第一次提出"个人品德建设"命题并将其作为社会道德建设的重要内容以来，学术界对个人品德的内涵进行了深入探讨。《纲要》汲取已有研究成果，对《公民道德建设实施纲要》中倡导的"爱国守法、明礼诚信、团结友善、勤俭自强、敬业奉献"的基本道德规范加以提炼和发展，把个人品德的主要内容概括为"爱国奉献、明礼遵规、勤劳善良、宽厚正直、自强自律"，是新时代公民道德建设理论的又一创新。

中华传统美德的新概括。中华传统美德是中华优秀传统文化的道德精髓，是支撑中华民族生生不息、薪火相传的强大精神力量，也是新时代公民道德建设的不竭源泉。《纲要》坚持古为今用、推陈出新原则，把中华传统美德的主要内容概括为"自强不息、敬业乐群、扶正扬善、扶危济困、见义勇为、孝老爱亲"等。这种概括是对全国各族人民共同美德的凝练反映，也为按照新时代公民道德建设要求对中华优秀传统文化进行创造性转化和创新性发展提供了方向指引。

弘扬中国精神的新要求。习近平同志指出："实现中国梦必须弘扬中国精神。这就是以爱国主义为核心的民族精神，以改革创新为核心的时代精神。"《纲要》总结多年来我们党团结领导全国各族人民弘扬中国精神的理论和实践，提出了新时代弘扬中国精神的新要求，强调要"弘扬中国人民伟大创造精神、伟大奋斗精神、伟大团结精神、伟大梦想精神，倡导一切有利于团结统一、爱好和平、勤劳勇敢、自强不息的思想和观念"；强调要"大力倡导解放思想、实事求是、与时俱进、求真务实的理念"，倡导"幸福源自奋斗""成功在于奉献""平凡孕育伟大"的理念，"弘扬改革开放精神、劳动精神、劳模精神、工匠精神、优秀企业家精神、科学家精神"。这些重要论述，从民族精神和时代精神的维度，创造性地阐发了新时代弘扬中国精神的科学内涵和基本要求。

2019 年 12 月 19 日

新时代家庭美德建设读本
CONTENS

目录

一、新时代家庭美德建设意义深远

家庭建设是时代发展和社会进步的永恒课题。习近平总书记2016年12月12日在会见第一届全国文明家庭代表时指出："无论时代如何变化，无论经济社会如何发展，对一个社会来说，家庭的生活依托都不可替代，家庭的社会功能都不可替代，家庭的文明作用都不可替代。无论过去、现在还是将来，绝大多数人都生活在家庭之中。我们要重视家庭文明建设，努力使千千万万个家庭成为国家发展、民族进步、社会和谐的重要基点，成为人们梦想启航的地方。"

重视家庭是中华民族的一个优良传统，修身齐家是中华民族重视家庭的集中体现。中国特色社会主义进入新时代，弘扬中华民族家庭传统美德赋予家庭建设新的时代内涵，加强新时代家庭文明建设时不我待、意义深远。

《纲要》链接

推动践行以尊老爱幼、男女平等、夫妻和睦、勤俭持家、邻里互助为主要内容的家庭美德，鼓励人们在家庭里做一个好成员。

1

（一）"天下之本在家"

家庭是中华民族兼济天下的一个重要观念范畴和实践场所。习近平总书记在会见第一届全国文明家庭代表时指出："中华民族历来重视家庭。正所谓'天下之本在家'。尊老爱幼、妻贤夫安、母慈子孝、兄友弟恭，耕读传家、勤俭持家，知书达礼、遵纪守法，家和万事兴等中华民族传统家庭美德是家庭文明建设的宝贵精神财富。"

1. 重视家庭美德是中华民族的优良传统

"天下之本在家"，突出反映了中国先人历来重视家庭的美德，深刻勾勒了中华民族历来具有家国同构的情怀。修身、齐家看起来是一人一家之事，实际上却是关系到治国、平天下的大事，是中国社会历朝历代发展进步的一个基石。《孟子·离娄章句上》记载："天下之本在国，国之本在家。"东汉的荀悦在《申鉴·政体》写道："万物之本在身，天下之本在家。"这些记载充分反映了中国传统文化对家庭重要性的认识。可以说，"家是最小国，国是最大家。"

家庭，作为人类自我生产繁衍的核心单元，自然具有姻缘血亲的自然属性，然而人类的自我生产繁衍绝非纯粹自然的生命事件，它关乎人道、人伦和人性，进而关系到人类社会发展和变化。家庭是社会文明教养、德行培育和文化传承的第一个驿站。《说文解字》解释："育，养子使作善也。"可以说，有什么样的家庭，就有什么样的家风；有什么样的家风，就有什么样的传承和对社会产生什么样的影响。正所谓"正家，而天下定矣"。《孝经》说："君子之事亲孝，故忠可移于君。事兄悌，故顺可移于长。居家理，故治可移于官。"意思是一个人居家处事都能有条有理，他的治事本能一定能移作处理公务。反之，为官者如果不能整齐家人、率导为善，就无法引导他人向善。《大学》说："所谓治国必先齐其家者，其家不可教而能教人者，无之。"

"赵钱孙李，周吴郑王……"《百家姓》由宋人编写，国姓"赵"自然排在第一位。可是"钱"姓为何位居第二位呢？正是因为钱镠（852年—932年，谥号武肃王），五代十国时期吴越国的创建者。钱镠开创吴越小国，繁荣了江南。钱镠修身治家有方、治国有略，两度订立治家"八训"和"十训"。"十训"即钱镠临终前向子孙们提出的十条要求，其中大部分包含历久弥新的人生智慧。2006年播出的电视剧《吴越钱王》就是根据钱镠事迹制作的古装历史剧。钱镠祖孙五代为钱王，自归宋之后千余年间，钱姓家族人才辈出，宋朝皇帝称"忠孝盛大唯钱氏一族"，清朝乾隆南巡时赐予"清芬世守"匾额。古人如词人钱惟济、钱昭度，科考状元钱福、钱士开，藏书家钱曾、画家钱杜等。而当代钱三强、钱学森、钱伟长、钱穆、钱钟书、钱玄同等名字，可谓如雷贯耳。钱氏家族人才井喷，在官、产、学领域多有建树。深究其由，盖与世代相传的良好家教、家风密切相关。据传，钱氏家族每有新生儿诞生，全家人都要恭读《钱氏家训》，从而打下"利在一身勿谋也，利在天下必谋之"的深刻烙印，成为历代钱氏家族精英报效国家的原动力。

相反，家教不严、家风不正，必然带来祸患。秦朝丞相李斯早年受到厕中鼠和仓中鼠的启发，认为一个人有无出息就像这老鼠，在于能不能给自己找到一个优越的环境。本着"老鼠哲学"，他坐到丞相之位。李斯为自己找到了任其啃食的"粮仓"，也不忘安顿子女。长子李由做三川郡守，掌握着军政大权，其他子女也都与皇室缔结连理。始皇死后，急于事功的李斯终与宦官赵高合谋，篡改遗诏，迫令始皇长子扶苏自杀，立少子胡亥为二世皇帝。最终为赵高所忌，李斯父子被腰斩于市，灭门三族。鲜活的历史典故，正应了《周易·文言传》所言："积善之家，必有余庆；积不善之家，必有余殃。"

《资治通鉴·晋纪》中讲了一件事：十六国时期后赵君主石虎特别喜欢众多儿子中的两个，一个是石宣，一个是石韬。石虎平日对他们宠爱放纵，让太子石宣出行祭祀时打着天子的旌旗，让石韬出行时享受与太子一样的待遇，并赋予他们独自决定赏罚官员无需禀报的权力，最后导致兄弟之间自相残杀的悲剧。不久，后赵逐渐衰落，终至亡国。"爱之不以道，适所以害之也"，此话正出自于此。

中国先人把家作为社会的本、生命的根，涌现出许多如"孟母三迁""曾子杀猪""岳母刺字"等妇孺皆知的佳话。还流传下《孔子家语》《曾子家训》《颜氏家训》《朱子家训》等宝贵家教遗产，对后世产生深远的影响。既使是普通家庭，也会在自家门口贴上"忠厚传家久，诗书继世长""以文长会友，唯德自成邻""门第不可依，成事在奋斗"这样的对联。可以说，这是中国传统家

4

庭道德建设的标识。正是在这样的耳濡目染中，塑造了一代代具有家国情怀的有用之才。

2. 重视家庭美德是家庭建设的时代召唤

中国的家庭关系，就像是一块石头丢在水面上推出去的波纹。中国儒家最注重的就是水纹波浪由内向外扩展的推力，由己到家，由家到国，由国到天下，是一条通道。古人认为：父子有亲、君臣有义、夫妇有别、长幼有序、朋友有信，被视为"五达道"。这都是从己到天下一圈一圈推演出去的。儒家认为，要建立天下的秩序，应该让民众先获得一种具体的体验，这种具体的体验，就是家庭的体验。家庭秩序由血缘、辈分、长幼等逐一确定，清晰可行。把家庭秩序外推、扩散、放大，就为国家天下秩序提供借鉴和启迪。家庭的有序和体验，就是天下的有序和起点。私人空间秩序扩展到公共空间秩序，就是家国一体、天下一家。正所谓"一屋不扫，何以扫天下"。

时代无论如何发展变化，都没有改变家庭在国家、社会中的独特地位和重要功能。2016 年 12 月 12 日，习近平总书记在会见第一届全国文明家庭代表时指出，家庭是社会的细胞。无论过去、现在还是将来，绝大多数人都生活在家庭之中。2019 年 2 月 3 日，习近平总书记在 2019 年春节团拜会上再次强调，在家尽孝、为国尽忠是中华民族的优良传统。没有国家繁荣发展，就没有家庭幸福美满。同样，没有千千万万家庭幸福美满，就没有国家繁荣发展。

家庭始终是人们一切生活的基本依托，家庭和谐稳定的状况始终反映社会和谐发展的状况，家庭文明建设的进程支撑着中华文明发展的进度。中国特色社会主义进入了新时代，新时代家庭文明建设构成了新时代中国特色社会主义的重要内容。

家庭是一个人人生梦想起航的地方和心灵慰藉的港湾。家庭是社会的细胞，家庭是国家发展、民族进步、社会和谐的重要基点。家庭和睦则社会安定，家庭幸福则社会祥和，家庭文明则社会文明。千家万户都好，国家才能好，民族才能好。

国家主席习近平在二〇二〇年新年贺词中指出："没有和谐稳定的环境，怎会有安居乐业的家园！"近代以来中国的发展史和当今世界中东等一些国家和地区的战乱等都告诉我们，家庭的前途命运同国家和民族的前途命运紧密相连，没有国哪有家。国家好、民族好，家庭才能好。只有实现中华民族伟大复兴的中国梦，中华民族的每一个家庭梦才能梦想成真。千千万万个家庭的和谐幸福反映着国家社会的安定进步。到本世纪中叶基本实现现代化和建成富强民主文明和谐美丽的社会主义现代化强国的伟大目标，最终还要体现在千千万万个家庭幸福美满上。

在家尽孝、为国尽忠是新时代家庭文明建设不可缺少的内容。中华民族发展历史上的精忠报国，革命战争年代母亲教儿打东洋、妻子送郎上战场，社会主义建设时期先大家后小家、为大家舍小家，都寄托着中国家庭向上的家庭追求，孕育着中国人高尚的家国情怀。在家尽孝、为国尽忠在中国家庭中从来就是一致的，这样的家庭美德，构成了新时代社会安定的重要支撑。

"德以位叙"，德行善恶凭借职位彰显出来，职位越高，影响面就越大。家教家风的传播亦复如是，所谓"一家仁，一国兴仁；一家让，一国兴让。一人贪戾，一国作乱。"《大学》这段话放在当下来理解，领导干部是新时代家庭美德建设的"排头兵"，如果能够率领家人、仁爱为本、廉洁持家，就能将传统美德、优良家风传递给千家万户，以千千万万家庭的好家风支撑起全社会的好风气。

（二）家庭是"人生的第一所学校"

家庭是中国人最重视的一个日常生活场所，更是每个中国人健康成长的人生学校。家庭伴随着每个中国人从出生、成长到死亡的生命全过程，家庭的教化更是深刻地影响着每位中国人"如何做人"。

1. 中国先人非常注重家庭教化

中国传统家庭教化包括家风、家训、家法等方式，它们在国家治理、社会演进和社会教化方面发挥着不可或缺的重要作用，不仅关乎家庭演变、兴衰，也影响着朝代更替、社会秩序和社会

"平语"
近人

家庭是社会的基本细胞，是人生的第一所学校。

——习近平：《在2015年春节团拜会上的讲话》（2015年2月17日），《人民日报》2015年2月18日

家庭是人生的第一个课堂，父母是孩子的第一任老师。

——习近平：《在会见第一届全国文明家庭代表时的讲话》（2016年12月12日），《人民日报》2016年2月16日

风气。

孟母三迁，记录着中国人注重家庭环境对子女教育的深刻影响。《三字经》记载："昔孟母，择邻处。"孟子小时候，父亲早早地死去了，母亲守节没有改嫁。最初，孟子家居住的地方离墓地很近，孟子就和邻居的小孩一起学着大人跪拜、哭嚎的样子，玩起办理丧事的游戏。孟子的母亲说：这个地方不适合孩子居住。于是，孟子的母亲将家搬到集市旁，孟子学起商人做生意的样子：一会儿鞠躬欢迎客人、一会儿招待客人、一会儿和客人讨价还价。孟母又说：这个地方还是不适合孩子居住。又将家搬到学校旁边。孟子开始变得守秩序、懂礼貌、喜欢读书了。孟母说：这才是孩子居住的地方。就在这里定居下来了。孟子长大成人后，学成六艺，继承并发扬了孔子的思想，成为仅次于孔子的一代儒家宗师，有"亚圣"之称，与孔子被合称为"孔孟"。

唐朝宰相崔祐甫曾论述过家庭教化对于国家的重要意义，这就是："能君之德，靖人于教化，教化之兴，始于家庭，延于邦国，事之体大。"唐代曾风行全国的《太公家教》记载："近朱者赤，近墨者黑；蓬生麻中，不扶自直；白玉投渥，不污其色。近佞者谄，近偷者贼；近愚者痴，近贤者德。"家庭环境与风气的好坏，对子女习惯和品行的养成非常重要，甚至从根本上决定了子女教育的成败。

唐朝元稹的母亲出身"五姓婚姻"的荥阳郑氏，以家风严明著称。据白居易在《唐河南元府君夫人荥阳郑氏墓志铭》记载：郑氏为少女时，就"事父母以孝闻"，嫁到元氏之后，"以丰洁家祀，传为贻燕之训"，二十五年间，"专用训诫，除去鞭扑"；"常以正辞气诫诸子孙，诸子孙其心愧耻"。元稹因其优秀的母教，传习了外祖父家良好的家法，从而成为唐代名相和文学名家。

画荻教子，承载着中国人家庭教育从小开始重在坚持的良好品行。北宋时期，有个杰出的文学家和史学家叫欧阳修。他四岁那年，父亲去世了，家里生活非常困难。他的母亲郑氏一心想让儿子读书，可是买不起纸笔，有一次她看到屋前的池塘边长着荻草，突发奇想，用这些荻草秆在地上写字不是也很好吗？于是她用荻草秆当笔，铺沙当纸，开始教欧阳修练字。欧阳修跟着母亲的教导，在地上一笔一划地练习写字，反反复复地练，错了再写，直到写对写工整为止，一丝不苟。幼小的欧阳修在母亲的教育下，很快爱上了诗书。每天写读，积累越来越多，很小时就已能过目成诵。

在中华五千年文明史中，像这样的家教事迹可谓汗牛充栋，新时代应当充分挖掘、梳理这些历史资料，为家庭美德建设提供充裕的文化资源。

2. 家庭教育就是"如何做人"的教育

家庭是人生的第一个课堂，父母是孩子的第一任老师。孩子们从牙牙学语起就开始接受家教，有什么样的家教，就有什么样的人。家庭教育涉及很多方面，但最重要的是品德教育，是如何做人的教育。父母就应该把美好的道德观念从小就传给孩子，引导孩子养成做人的气节和骨气，帮助孩子形成美好心灵，促使孩子健康成长，长大后成为对国家和人民有用的人。俗话说："道

9

德传家，十代以上，耕读传家次之，诗书传家又次之，富贵传家，不过三代。"

岳母刺字，深刻反映中国家教"如何做人"第一位的是要有家国情怀的美德。公元1124年冬天，金兵围攻宋朝国都开封。岳飞决心从军报国，临行前，岳飞问母亲还有什么教诲。母亲让岳飞脱下上衣，取一根针在岳飞的背上刺下"精忠报国"四个字。刺好以后，岳飞让妻子取出铜镜立在身后，自己举一面镜子在胸前，通过两面镜子的互照，观看慈母所刺的字。岳飞发现母亲所刺的"国"里少了一点。母亲对岳飞说："儿呀，现在金兵侵我国土，杀掠百姓，希望你这次从军，要努力杀敌，不要顾念家里，等你打败金兵，收复国土，凯旋而归时，娘再给你添上这一点。"母亲的话大大激励了岳飞杀敌报国的信心和勇气，岳飞带领的"岳家军"令金兵闻风丧胆。岳飞成为中国历史上杰出的民族英雄，受到历代人民的敬仰，岳母刺字的故事也传为千古佳话。

3. 家庭是培育亲情的地方

家是生产单位，更是情感单位。个人的命运总是和家庭的命运密切相连。一个人如果理不顺家庭关系，生命的第一环就脱扣。家庭亲情则是中国人最浓厚、最突出的情感，家庭自然成为孕育和表达亲情的重要场所。当今的中国家庭，从结构到性质、作用都发生了很大变化，但基本要素并没有变，即家庭的基本自然的构成关系——夫妻和子女关系并未改变。父母、子女之间的真情的爱，是一种天赋德性，更是一种实践德性。不只是动物式的母爱。

家庭关系的核心是亲情关系，出于真情实感的家庭关系是最稳固的。尽到每一个家庭成员应尽的义务而做到"心安"，就能享受到最大的快乐。同时还要对子女进行正确的教育，培养其仁爱之心，提高辨别是非、善恶的能力，做一个有良好德性的人。对子女，既不能无原则地溺爱，也不能"唯利是图"，这才是建立正确的家庭亲情观的基础。

中华民族的一个重要传统是，培养人的道德情感与情操，要学会"做人"，在家里首先要尊敬父母。很难设想，一个不孝敬父母的人，能有很好的道德素质。儒家主张学要"为己"，即培养自己的德性，哪怕不识字，也要堂堂正正做个人。儒家并不反对学习知识技能，也不反对经商。孔子的学生子贡就是一位商人，但他向孔子学习的是如何做人的道理，结果他成为一位受人尊敬的大商人。法家韩非把父子关系说成赤裸裸的利害关系，这是一种极端现象，并不具有普遍性。孔子的"父为子隐，子为父隐"，就是出于真情实感，具有超越历史的永久价值。如同孟子所说，"幼而知爱其亲，长而知敬其兄"，并不需要特别的灌输与教育，需要的是家庭中自然而然地感染，只要加以保护、培养就能够"扩充"。这是构建家庭美德的基础。把道德教育同知识教育对立起来是毫无根据的。

在现代社会，科学知识的学习是非常必要的，但绝不是唯一的，更不是一个人成长的全部。科学知识是为人服务的，也是由人掌握的。如果从家庭到社会，都放弃了情感教育、亲情感染，那么，培养出来的只能是一些机械化、知识化的工具，而不是有人文素养的人才，其知识技能只能成为满足物质欲望的手段。情感冷漠、道德观念淡薄的人，即使是事业"成功"，充其量只能供给父母以物质消费，但不会有真正的孝。

亲情具有巨大的力量。在中国，家是外出的游子魂牵梦绕的地方，天寒地冻、路途遥远，都不能阻挡人们回家的脚步。春节是中国万家团圆、共享天伦的美好时分，是培育亲情的良好时机。春节使亲情在乡情、友情的碰撞中升华。春节期间，游子归家，亲人团聚，朋友相会，表达亲情，畅叙友情，抒发乡情，其乐融融，喜气洋洋。春节回家过年，就是升华亲情的最佳时机。

（三）家和万事兴

传统农耕文明以家庭为基础，以家庭为生产单位的农业生产依赖家庭的团结、和睦。在家国同构的社会结构下，家和成为应对万事变化的底气，家和成为万事兴盛的根基。时代无论如何发展变化，仍然遵循家和万事兴的规律。

1. 和而不同

家和万事兴。那么，"和"是什么？从表面上看，就是一种

"平语"
近人

　　千家万户都好，国家才能好，民族才能好。

　　——习近平:《在会见第一届全国文明家庭代表时的讲话》（2016年12月12日），《人民日报》2016年12月16日

和和气气、和和美美的景象。其实，这是小和，表面的和，往往不会长久的。《中庸》讲："喜怒哀乐之未发，谓之中；发而皆中节，谓之和。"这才是真正的"和"。"和"不是没有喜怒哀乐的情绪，不是没有冲突，而是让冲突有个限度、有个边界，把冲突控制在合理的范围内。家庭冲突的本质往往不是"三观"不同，而是不愿意或者找不到真正的同在何处。和的前提是承认不同。因此，所谓和，不是不争执、不冲突，而是追求最根本的大和，追求和而不同。正因为有不同，才会时时冲突；正因为时时冲突，才需要相互尊重。

《中庸》还讲："致中和，天地位焉，万物育焉。"人总会有喜怒哀乐，但是，发怒要精准，该收则收，该放则放，收放自如，这就是"和"。家庭成员之间，没有冲突未必是好事，有冲突也并非是坏事。冲突可以产生能量，失去冲突也就失去生机。没有冲突是小和谐，有冲突才有大和谐。当有了大和谐时，所有的冲突都可以化解，所有的事儿都不算事儿。

《论语》记载孔子说："君子和而不同，小人同而不和。"所谓"和而不同"，强调的是那个"和"字与"不同"的同时存在。"和"了之后，还有不同。如果用英美等国的西方文化来作比较的话，西方的"同"跟"不同"，其实是两个极端，它们往往强调统一，就是标准化、格式化，这个强大的"同"，在现实社会中往往会造成很多人的反叛、反弹。所以，西方随之而来的就特别强调标新立异、追求个性。

家和万事兴，就突出说明中国人注重包容、宽容。在"和"

的基础上，彼此可以很自然地去发展一些独特的东西。你独特，我也独特。中国的独特，其实彼此可以兼容，这叫"和而不同"。人与人之间，本来就是"和而不同"。彼此一样或是不一样，根本不重要。两个人相处，合不合得来的关键，并不在于彼此的相似度有多高，而在于彼此的相容度、包容性有多大。假使两个人很相像，整天在一起，依然有可能会翻脸。人与人相处，未必要有多大的交集与重叠，但要有足够的包容度。有时，彼此不一样，那才更好呢。

人一旦缺乏包容与宽容，就容易斤斤计较那些表面的"同"。你跟人家不一样，你就紧张；人家跟你不一样，你就不高兴。本质上是因为人的格局"小"，所以才会"不和"。就像当父母、当老师的人，面对各式各样的孩子，你当然知道每个孩子都不同。但是，每个孩子的不同，并不会妨碍你看到他生命的亮点，因为你有包容和宽容。

中国人"和而不同"的性格，就个人而言，决定了一个人的气度和精神状态；就家庭而言，决定了一个家庭及其成员发展的轨迹；就国家而言，在一定程度上决定了中华文明的高度。几千年来，中华文明成为全世界唯一不断扩展的文明形态，然后愈来愈强大，所有异质性的东西都汇聚于此。"入中国，则中国之"。任何东西来到中国，都会被"中国化"，其实就是那股"和"的力量把它消融掉了。

中国社会向来讲求关系，只要"有关系"，凡事"没关系"。往好的地方讲，这意味着中国人的生命联系力很强。中国人不容易出现西方式的疏离与孤独感，尤其是当人老了之后，东西方的差异就更加明显。当大家都如此在意人际关系时，如果特别强调个体差异，把自己弄得特立独行，就会有麻烦。毕竟，良好的人际关系，先得建立在合群上。你可以选择和别人一样，也可以选择和别人不一样，但真要与别人合群，就不适合过度标榜"独特"与"自我"。所以，儒家强调"和而不同"与"群而不党"。凡事不求相同，却在意彼此能否包容。

人与人相处，遇到分歧和矛盾，先看"和"的一面，再看"不同"的一面。在"和"的大前提下，兼容并蓄，尽量照顾彼此的"不同"，这就是"求同存异"。如果满口都是"同"，看似都一样，心里却"不和"，那就是"小人"了。

2. 家风是社会风气的重要组成部分

家庭不只是人们身体的住处，更是人们心灵的归宿。家风好，就能家道兴盛、和顺美满；家风差，难免殃及子孙、贻害社会。新时代家庭文明建设，就是要促进家庭和睦，促进亲人相亲相爱，促进下一代健康成长，促进老年人老有所养。每个家庭弘扬优良家风，就能以千千万万家庭的好家风支撑起全社会的好风气。诸葛亮诫子格言、颜氏家训、朱子家训等，

经典名句

积善之家，必有余庆；积不善之家，必有余殃。

——《周易·坤·文言》

所谓治国必先齐其家者，其家不可教而能教人者，无之。

——《礼记·大学》

古之人将教天下，必定其家，必正其身。

——北宋·赵湘《本文》

都是在倡导一种良好家风，教育好子女。

清末林则徐从为官之日起，就牢记父亲"不妄取一文"的家教，奉行终生。他通过一幅对联告诫后代："子孙若如我，留钱做什么？贤而多财，则损其志；子孙不如我，留钱做什么？愚而多财，益增其过。"林则徐的次子林聪彝，自幼受父亲的教导，饱读诗书，早早便立下经世之志。1839 年，已是秀才的林聪彝因文采出众而备受赞誉。这一年，林则徐被任命为钦差大臣，前往广东查禁鸦片。当消息传回福州时，全城轰动。许多官吏士绅们知道林聪彝是林则徐的二儿子，纷纷上门祝贺，络绎不绝。刚抵达广州的林则徐听闻此事后，生怕聪彝早年得志，持宠生骄，立马给夫人郑淑卿写了一封家书，嘱托夫人务必要对儿子严加要求："嘱次儿须千万谨慎，切勿持有乃父之势，与官府妄相来往，更不可干预地方事务。"林则徐的这封家书一传回家中，林夫人立刻将儿子叫到身边，再三叮嘱。林聪彝深深明白父母的良苦用心，谨遵教诲，刻苦读书。后来，林则徐被遣戍新疆，聪彝陪伴左右，经常与父亲商讨塞上屯田、水利等事。林则徐病逝后，林聪彝三年服阙期满，应召入京，被赐举人，赴浙江为官。林聪彝继承父亲遗志，开垦备荒、平反冤案、督修海塘，政绩显著。

中国共产党自诞生以来，一代代共产党人秉承奉公守法、廉洁自律的优良传统，为党员干部树立起了价值典范和行为标杆。毛泽东同志就教导子女要坚持原则、不搞特殊化。他曾说："靠毛泽东不行，还是要靠你们自己去努力、去奋斗。"周恩来同志为家人定下"不许请客送礼"等"十条家规"，告诫进京做事的亲属"完全做一个普通人"。焦裕禄教育自己的孩子不能看"白戏"；谷文昌没有利用手中的权力而坚持让女儿做临时工；杨善洲不让家人搭"顺风车"，理由是"配公车是用来干工作，不是用来拉家人"。

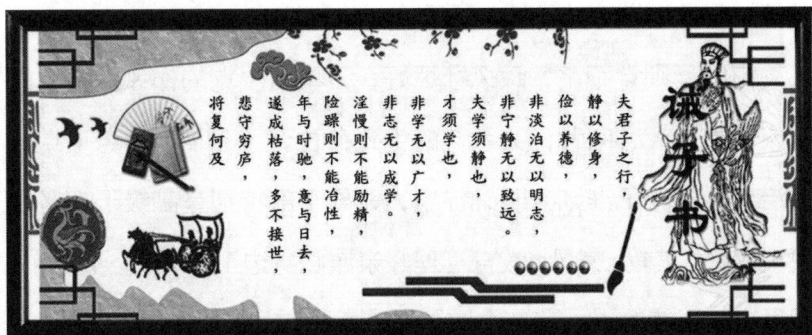

3. 领导干部家风关系党风政风社风

领导干部家风，不仅关系自己的家庭，而且关系党风政风社风。领导干部都应继承和弘扬中华家庭传统美德，继承和弘扬革

道德案例

毛泽东主席对待儿子

毛泽东主席"亲情规矩"三原则：恋亲不为亲徇私，念旧不为旧谋利，济亲不为亲撑腰。在1941年1月31日给毛岸英和毛岸青的信中，毛泽东主席建议他们"趁着年纪尚轻，多向自然科学学习，少谈些政治"，除告诫要"脚踏实地"、"实事求是"外，还特别指出："你们有你们的前程，或好或坏，决定于你们自己及你们的直接环境。"而在1947年7月1日给长子毛岸英的一封信中这样写道："一个人无论学什么或者做什么，只要有热情，有恒心，不要那种无着落的与人民利益不相符合的个人主义虚荣心，总是会有进步的。"

命前辈的红色家风，向焦裕禄、谷文昌、杨善洲等同志学习，做家风建设的表率，把修身、齐家落到实处。保持高尚道德情操和健康生活情趣，严格要求亲属子女，过好亲情关，教育他们树立遵纪守法、艰苦朴素、自食其力的良好观念，明白见利忘义、贪赃枉法都是不道德的事情，要为全社会做表率。

家教严则党纪肃，政风社风好，万事兴。党的作风就是党的形象，关系人心向背，关系党的生死存亡。《关于新形势下党内政治生活的若干准则》明确提出，领导干部特别是高级干部必须注重家庭、家教、家风，教育管理好亲属和身边工作人员。毛泽东、周恩来、朱德等老一辈革命家都高度重视家风。

道德案例

习近平的故事："娘的心"

1969年1月13日，习近平背起行囊，准备作为知青远赴陕西。这时，习近平的母亲齐心正带着尚未成年的小儿子习远平在河南省黄泛区的一个农场劳动，两个姐姐被下放到生产建设兵团。一家人四散分离，习近平又要远赴陕西，这叫母亲如何不忧心？她亲手给习近平缝制了一个针线包，上面绣了三个红色的字"娘的心"。

在陕西的七年，习近平跟乡亲们吃一处、住一处、劳动在一处，再苦再累，遇到再大的困难，乡亲们没见过他流泪，唯独临走这一天，习近平对村民张卫庞说，咱们在一起七八年了，也没什么好东西送给你，把这个针线包送给你作一个纪念。他递到张卫庞手里的，正是这个绣着"娘的心"的针线包。这个针线包，张卫庞一直珍藏着，保存了38年，直到2013年才捐给了县里，交给国家保管。

家风好，就能家道兴盛、和顺美满；家风差，难免殃及子孙、贻害社会。从近年来查处的腐败案件看，家风败坏往往是领导干部走向严重违纪的重要原因。加强党风廉政建设，严肃党纪，要求党员干部必须重视家教，严以治家。家教，同潜移默化的家风相比，更加强调运用道德规范和党风党纪对家庭成员进行主动教育，帮助家庭成员明辨是非善恶，纠正偏差行为。注重家教，严以治家，可以防微杜渐，廉政肃风，对违反党纪国法的行为起到有效的预防和监督作用。

党员干部不仅自己要廉洁自律，还要做好家中的"纪委书记"，经常对家庭成员进行道德教育、纪律教育，订立符合情、理、法的家规。一旦发现家庭成员有利用自己职权或职务上的影响谋取私利的苗头，就要坚决制止，将违纪违法消灭在萌芽状态。杨慧琴在中央电视台曾谈到父亲杨善洲的家风：我记得有一年正值雨季，我们家的老屋漏得不行，妈妈着急了，然后让人捎信给爸爸，让他凑点钱回家修整老屋。过了几天，爸爸寄回了一封信和三十块钱，他在信上说："我实在没钱，现在比我们困难的老百姓还很多，你们就买几个盆盆罐罐先接下。实在不行就挪一下床铺，暂时躲避一下。"当时我很不理解爸爸的做法，现在理解了，爸爸的心里装的全是人民群众，他是舍小家为大家。

（四）中华民族传统家庭美德是"家庭文明建设的宝贵精神财富"

新时代家庭美德建设就要大力弘扬中华民族传统家庭美德。习近平总书记在会见第一届全国文明家庭代表时指出："中华民

族传统家庭美德，铭记在中国人的
心灵中，融入中国人的血脉中，是
支撑中华民族生生不息、薪火相传
的重要精神力量，是家庭文明建设
的宝贵精神财富。"

1. 家庭美德是中华民族的一个独特标识

中华民族源远流长，在数千年的发展和演变中，形成了独具
特色的家庭道德，培育了中国人民浓厚的家国情怀。唐朝诗人李
白在《春夜宴从弟桃花园序》中赞美了天伦之乐："会桃花之芳园，
序天伦之乐事。"

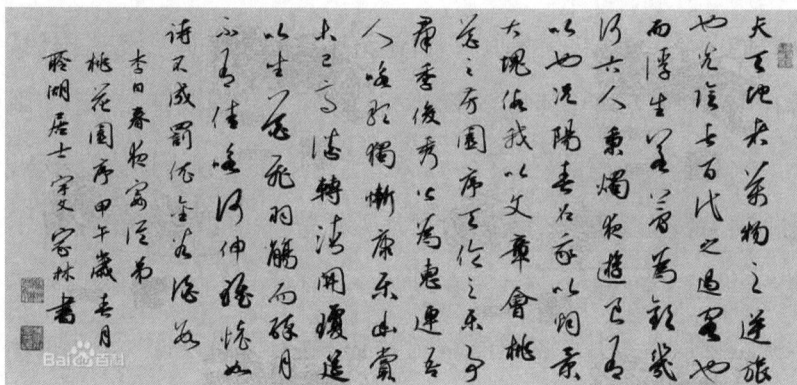

中华民族传统家庭美德，滋养着一代又一代中国人的美好心
灵，与中华民族优秀传统文化一样，融入到中国人的精神血脉，
塑造着中华民族发展的优良基因。家和万事兴、尊老爱幼、妻贤
夫安，母慈子孝、兄友弟恭，耕读传家、勤俭持家，知书达礼、
遵纪守法，天下一家亲等内容，构成了融入中国人血脉中的传统
家庭美德，是"支撑中华民族生生不息、薪火相传的重要精神力

量"，是新时代家庭建设必须继承的重要精神财富。

孝道是家庭美德的核心内容。孔子批评他的学生宰我不守"三年之丧"说，"女安则为之"，并斥之为"不仁"。在当时，"三年之丧"的制度是表达孝的方式，但孔子的真意是要做到"心安"。制度随着时代的变化而发生改变，但是，对父母的孝心在任何时候都是不能丢失的，如果丢失了，就要"收"回来。因为这是中国人的最本真的存在，是中华民族独特的精神标识。在"私欲横流"的时代，有些人很容易丢失自己的良心，对父母作出"伤天害理"的事也能安心，而毫无"不安"之感。我们只能说，这样的人良心泯灭了。有些人对父母不仅不孝，甚至对父母施暴，更有甚者弑母杀父，骇人听闻，真是天理难容。

早些年，中国网上有一个莫名其妙的帖子流行大江南北："你妈喊你回家吃饭。"一句话，没头没尾，却瞬间走红，因为它击中了无数中国人心底最柔软的地方。"今天炖排骨，回家吃饭吧。""好的，老妈。"这是一对母子的微信对话。人世间最真挚的情感，就藏在这最简单、最质朴的文字中。

经典名句

夫天地者，万物之逆旅也；光阴者，百代之过客也。而浮生若梦，为欢几何？古人秉烛夜游，良有以也。况阳春召我以烟景，大块假我以文章。会桃花之芳园，序天伦之乐事。群季俊秀，皆为惠连；吾人咏歌，独惭康乐。幽赏未已，高谈转清。开琼筵以坐花，飞羽觞而醉月。不有佳咏，何伸雅怀？如诗不成，罚依金谷酒数。

——唐·李白《春夜宴从弟桃花园序》

　　纪录片《舌尖上的中国》播出后，收视率之高，超乎预期。这与其说是一部美食片，不如说是一部思乡片。舌尖上的味道，就是故乡的味道、童年的味道、亲人的味道、中国家庭的味道。此后，另一部纪录片《风味人间》播出，依然热度不减。导演陈晓卿称，他是用温暖的食物讲述有温度的故事。对于中国人来说，简单的食材，家常的烹饪，更能唤醒内心深处的记忆。那些并不昂贵的食物，热气腾腾，温情满满，也承载着中国家庭的情谊。

2. 新时代要继承优良家庭美德

　　家和万事兴，是中国传统家庭美德的首要理念。家，不仅是每一个中国人的安身立命的人生起点，更是中国人修齐治平的理念依托。和合文化是中华民族优秀传统美德；家和万事兴则是中华民族和合文化在家庭中的现实展开。家庭关系和谐，则家庭兴、家族兴、家国兴、万事兴。万事兴，又促进了家庭和谐美满和每个人的身心健康。家和构成了天伦之乐的基础，孕育出中国人所尊崇的骨肉亲情的乐趣，积淀出中国人和顺的性格，奠定了社会和谐的家庭基础。尊老爱幼、妻贤夫安，是中国传统家庭美德的基石。战国时期，孟子就提出了"老吾老以及人之老，幼吾幼以及人之幼"的主张，《论语》、近现代的《傅雷家书》为尊老爱幼奠定了良好的教育基础，雷锋更是尊老爱幼的典范。"善待老人，就是善待明天的自己。"妻贤夫安，就是妻子贤惠，能够处理好家中事务，丈夫忠于职守，履责尽责。

　　母慈子孝、兄友弟恭，是中国传统家庭美德的关键内容。母亲慈祥爱子，子女孝顺父母；哥哥对弟弟友爱，弟弟对哥哥恭敬。

这些美德，都是双向要求的，要求一方做到，另一方也要做到。

耕读传家、勤俭持家，是中国传统家庭美德的核心内容。中国先人追求既要从事生产、又要读书学习，认为半耕半读为合理的生活方式，这有助于从思想上接近劳动人民、养成务实的作风。中国先人的这种追求形成了一种耕读文化。勤奋和节俭是中华民族的优良传统，勤俭持家是以勤劳节约的精神操持家务，它倡导量入为出。中国优秀传统文化向来倡导天行健君子以自强不息、俭以养德和反对奢侈浪费，这些美德体现在家庭上就是要勤俭持家。

知书达礼、遵纪守法，是中国传统家庭美德的重要保障。知书达礼就要通过学习知识、涵养品德从而获得教养，懂得做人做事的基本礼仪。遵纪守法就要遵守基本的道德约束和法律法规。

贤妻良母、相夫教子，是中华传统家庭美德的突出特质。在中华民族家庭发展漫长的历史过程中，女性所承担的妻子和母亲的角色，始终在中华民族家庭中占居不可替代的地位，发挥着独特的历史作用。

天下一家亲，是中华民族传统家庭美德的延展。天下一家亲，是中华民族历来追求协和万邦、讲信修睦的智慧体现。《孝经》中的《天子章》："子曰：爱亲者，不敢恶于人；敬亲者，不敢慢于人。爱敬尽于事亲，而德教加于百姓，刑于四海。盖天子之孝也。《尚书·甫刑》云：'一人有庆，兆民赖之。'"意思是，孔子说："爱双亲的人，不敢厌恶别人；尊敬父母的人，不敢轻慢别人。尽力亲爱和尊敬父母，以这种德行对待百姓，在全国形成风范，就是天子的孝道。"《尚书·甫刑》说："一人有德，众人得到福佑。"

新时代进行家庭美德建设，从中华民族发展历程来看，它是中华民族生生不息、发展壮大的历史发展必然；从个人成长为对国家对社会有用来看，它是中国人接受家庭教化、懂得"如何做人"的个人成长必然；从干事创业营造良好党风政风社风实现伟大复兴来看，它是万事兴盛、克难攻坚的重要前提保障。

二、尊老爱幼

"尊老爱幼"即尊敬长辈，爱护晚辈。对老人的尊重和孩子的爱护，最早可以追溯到原始社会。在社会生产力极端低下的情况下，氏族公社内部对丧失劳动能力的老人和尚无劳动能力的小孩分配劳动果实，以确保人类的繁衍和文明的延续。

中国是一个历史悠久的文明古国，"尊老爱幼"始终是一脉相承的优良传统，人们把它视为做人的基本品行。大家耳熟能详的子路"百里负米"、汉文帝刘恒"伺疾尝药"、缇萦"上书救父"等传统经典故事，是中国古人对传统"孝道"文化"尊老、敬老、养老、送老"的最好诠释。春秋末期时期鲁国的子路，小时候家里很穷，长年靠吃粗粮野菜度日。他经常翻山越岭从百里之外背米侍奉双亲。父母去世后，他做了大官，随从的车马有百乘之众，所积的粮食有万钟之多。他坐在垒叠的锦褥上，吃着丰盛的筵席，常常怀念双亲，慨叹说："即使我现在想吃野菜，为父母亲去负米，哪里能够再如愿以偿呢？"

时代发展到今天，"尊老、敬老、养老、送老"的"孝道"

道德案例

上书救父

汉文帝时，有一位叫淳于意的人，拜齐国著名医师杨庆为师，学得一手高超的医术。他在老师去世以后，弃官行医，因为个性刚直，行医时得罪了一位有权势的人，导致自己遭陷害，被押往京城治罪。他的女儿叫缇萦，长途跋涉陪同父亲前往长安向皇帝诉冤。她陈述肉刑的害处，说明父亲做官时清廉爱民，行医时施仁济世，现在是遭人诬害，并表示愿意替父受刑。汉文帝被缇萦的孝心所感动，赦免了她的父亲，并下诏书废除了肉刑。

故事依然在日常的生活中悄然重现。2013 年 10 月 18 日的《人民日报》，刊载了习近平的母亲齐心为纪念习仲勋同志 100 周年诞辰所作的《忆仲勋》一文。文中回忆 2001 年 10 月 15 日家人为习仲勋举办 88 岁寿宴时，时任福建省省长的习近平因公务繁忙难以脱身，抱愧给父亲写了一封拜寿信。习近平在信中深情地写道："自我呱呱落地以来，已随父母相伴四十八年，对父母的认知也和对父母的感情一样，久而弥深"，"从父亲这里继承和吸取的高尚品质很多"。新华社发布的《"人民群众是我们力量的源泉"——记中共中央总书记习近平》一文中透露，尽管公务繁忙，每当有时间和母亲一起吃饭后，习近平都会拉着母亲的手散步，陪她聊天。

被评为 2016 年感动重庆人物的陈星银，7 岁那年，爬上变压器玩耍，被高压伤双臂。年幼的他没有在厄运面前低头，而是用双脚代替双手，学会了日常生活技能和大部分农活。他 90 岁高龄的母亲杨思芳，自 2015 年以来因病卧床不起。陈星银每天都要用自己特有的方式给母亲喂饭：他用嘴衔起汤匙，舀饭凑到母亲嘴边，一勺、两勺、三勺……直到母亲摇头为止。

2019 年第七届全国孝老爱亲道德模范蓝连青，她的家庭是一个聚集瑶、壮、汉三个民族、五代同堂的大家庭，是乡里有口皆碑的"模范家庭"；她侍奉老人、教导孩子、操持家务，与其他家庭成员相互携扶、互敬互爱，把家庭照顾得细致入微，是乡亲们眼中孝老爱亲的榜样。蓝连青丈夫的奶奶是乡里长寿老人，享年 103 岁。奶奶在世时，蓝连青总是每天一早来到奶奶房中，照顾起床穿衣、梳洗吃喝。晚上睡觉前，她都要到奶奶床前探视，备上奶奶喜欢喝的酒，确认奶奶安睡后才放心。为防止自己松懈，在奶奶的房门上写了一个大大的"孝"子，提醒自己和家人。有一次，奶奶摔倒造成骨盆骨折，导致大小便失禁。蓝连青到悬崖峭壁上采草药，回家帮奶奶连续敷药、坚持按摩。她这样悉心照顾老人，一干就是十多年，直至 2019 年 1 月老人逝世。为了让一家人经常回来看望奶奶，奶奶也能看到子孙，蓝连青还经常组织家庭活动，让家人开开心心聚在一起。

还有荣获第六届全国道德模范提名奖的李长容、"背母上学"的刘霆和"新时代好少年"孝顺女孩文敏，等等。从国家领导人，到普通百姓家，他们的故事无一不体现着中国传统"孝道"文化在时代发展进程中的传承和发扬。

1984 年，习近平总书记第一次在人民日报上发表署名文章《中青年干部要"尊老"》，目的是号召中青年干部做到尊老，用创

道德案例

背母上学

刘霆 1986 年出生，浙江湖州人。他从高二开始，就独自承担照料患尿毒症卧床不起的母亲。2005 年他以优异成绩考上浙江林学院，因母亲无人照料，在征得学校同意后，"背起妈妈上大学"，一边读书一边悉心照料母亲，同时还在学校食堂勤工俭学来维持家里的生活，成为当代"孝子"。

新继承实现新老干部的合作与交替。1986 年，国务院决定将每年的农历九月九日"重阳节"定为"中国老人节"，是把传统节日与尊老敬老的优良传统相结合，传承优秀文化，引导良好的社会风气。可以说，"人之行，莫大于孝"，中国的"孝道"文化历经几千年的传承和发扬，已经渗透在民族的血液中，成为华夏民族的道德观念和文化心理的重要内核，在文化大繁荣的今天，我们文化自信的内源之一，就是传统"孝道"的文化基因。

2014 年 2 月 24 日，习近平总书记在十八届中央政治局第十三次集体学习时强调："不忘本来才能开辟未来，善于继承才能更好创新。我去年到山东考察调研，去了曲阜，在那儿我说过，对历史文化特别是先人传承下来的价值理念和道德规范，要坚持古为今用、推陈出新，有鉴别地加以对待，有扬弃地予以继承。这就是说，我们既不要片面地讲厚古薄今，又不要片面地讲厚今薄古，而是要本着科学的态度，继承和弘扬中华优秀传统文化，努力用中华民族创造的一切精神财富来以文化人、以文育人。"

2015 年 10 月，习近平总书记对全国道德模范表彰活动作出批示，要持续深化社会主义思想道德建设，弘扬中华传统美德，弘扬时代新风，用社会主义核心价值观凝魂聚力，更好构筑中国精神、中国价值、中国力量，为中国特色社会主义事业提供源源不断的精神动力和道德滋养。

"平语"
近人

发扬中华民族孝亲敬老的传统美德，引领人们自觉承担家庭责任，树立良好家风，强化家庭成员赡养、扶养老年人的责任意识，促进家庭老少和顺。

——习近平：《在深度贫困地区脱贫攻坚座谈会上的讲话》（2017 年 6 月 23 日），《人民日报》2017 年 9 月 1 日

每个人在自己的人生道路上，不可抗拒地扮演着从幼儿到长者的角色转换，有自己的孩童时代，也有衰老的一天。"家家有老人，人人都会老"，老人为社会进步和孩子的健康成长，奉献了毕生精力，到了老年理应受到全社会和家人的尊敬与奉养。孩子是家庭的希望，更是社会的未来，在他们还没有成年之前，必须受到关爱和呵护。

所以说，尊老爱幼不仅是一种基于血缘和道义上的关怀，更是一种社会责任，是人类自我尊重的文明体现，是新时代家庭美德建设的核心内容和基本要求。

（一）百善孝为先

人们常说"家有一老犹如一宝"。这个"宝"是指：老人是

家庭（族）传统文化的传承者，是家庭（族）的根基代表，他们一辈子的人生经验积累是社会财富，是年青人学习和借鉴的知识瑰宝。所以说"尊老"和"敬老"，不仅仅缘于老人为孩子和家庭的辛苦付出，就像《家有老人是个宝》的歌词中写到的那样："家有老人是个宝，事无巨细把心操，付出多来回报少，一生操劳累弯腰；家有老人是个宝，心疼儿女总操劳，未进家门饭已好，接送儿孙到学校……"，更缘于老人作为拥有社会独立人格的人，在一生奉献社会后，应该享有社会、人们的尊重、关爱和照顾的权利。

不可忽视的现实问题是，我国自 20 世纪 90 年代已进入老龄社会，并有着速度快、规模大、城乡倒置、未富先老等特点。2019 年末中国大陆总人口 14 亿零五万万人，60 岁以上的老龄人口已达 2.5 亿。本该安享晚年的老人，却要面对日益凸显的赡养危机。时常有媒体报道某某老人孤独死在家中，而远方的儿女却不知晓；或子女对年迈父母不尽赡养义务，而被父母告上法庭；包括一些养老院的工作者或家政服务员，对老年人进行辱骂、殴打的恶性案件也时有发生。究其原因是多方面的，从大的方面讲，一是家庭日益小型化对传统居家养老模式的冲击：改革开放后人口流动性增大，加之独生子女政策的实施，家庭越来越小型化，几代同堂的复合式家庭越来越少，传统代际之间的对老人赡养和照料的传统家庭养老方式受到冲击。一方面是孩子工作在外地，对家里父母无暇照料；一方面是老年人看到年轻人生存压力大不愿拖累儿女，不得已选择进敬老院或雇佣家政服务员。二是市场经济价值观对中国传统"孝道"文化的挑战：随着市场经济发展，社会上"一切向钱看"的"拜金主义"思潮泛滥，加之对中国传统文化教育的忽视，致使许多人眼里只有钱，丧失了应有的人伦道德。一些作儿女的人，当父母不能再为其提供经济或人力的支持，便滋生出嫌弃之心而不愿意赡养父母。总之，不管是什么原因导致的赡养危机，都会对老年人的身心造成极大伤害，产生严重的不良社会影响，最大的不良影响即"恐老"。

一个时代有一个时代的思想观念，传统文化中有悖于时代发展要求的内容要摒弃，符合时代发展要求的内容要保留和传承。古人云"百善孝为先"，尽管传统"孝道"中有些内容与古代老百姓对皇帝的臣服有相似之处，如"君要臣死，臣不得不死；父要子亡，子不得不亡"，表现了"愚忠愚孝"的特点，窒息了子女们的独立精神，影响了子女人格的健康发展，有其历史局限性。但是，面对今天急遽而来的"银发浪潮"，在社会养老和社区服务还相对较为薄弱，家庭养老依然是主要养老模式的现实大环境下，社会仍需要大力弘扬传统"孝道"文化，广泛开展"尊老、敬老、养老、送老"的"孝"文化教育，以期实现"老有所养、老有所医、老有所学、老有所乐、老有所为"理想晚年，真正给老年人创造一个快乐而有尊严、有保障的幸福生活。

2016年5月27日，习近平总书记在中共中央政治局第三十二次集体学习时强调，党委领导、政府主导、社会参与、全民行动，推动老龄事业全面协调可持续发展，要加强家庭建设，教育引导人们自觉承担家庭责任、树立良好家风，巩固家庭养老基础地位。

"平语"
近人

> 积极应对人口老龄化，构建养老、孝老、敬老政策体系和社
> 会环境。
>
> ——习近平：《决胜全面建成小康社会 夺取新时代中国特色社
> 会主义伟大胜利》(2017 年 10 月 18 日)，《人民日报》2017 年 10
> 月 28 日

新时代，我们该如何"尊老"、"敬老"呢？

有研究者提出，保证老年人晚年生活幸福，必须具备三个条件：一是经济基础，以保障老年人应有的物质生活水平和健康需要；二是心理安慰，老年人同样渴望拥有丰富的精神生活；三是生活照顾，当老年人丧失生活自理能力时，需要别人的照料。所以，家庭和社会成员有责任从物质、精神和照顾三个方面来关爱、关心老年人。

1. 外安其身

物质赡养即关心老年人的物质生活，满足老年人衣、食、住、行和健康的基本需求，给老年人应有的物质保障和生活照顾，确保老年人有一个相对安全的生活环境和良好的健康状态。关注老人的物质生活，对老年人进行赡养，外安其身，是子女对父母应尽的基本责任和义务，得到子女的赡养也是父母的权利。

但是，在现实生活中很多人对老年人的物质赡养，简单地理解为让老年人"吃饱穿暖"，这是片面的认识。诚然，吃饱穿暖是在生活水平低下、物资匮乏时代"尊老"的最基本需求，也是

我国传统 "奉养父母"的核心内容。今天，"赡养父母"已不能再仅仅停留在满足老年人生活温饱的水平上，要不断满足老年人对日常生活"品质"的新追求，不但能吃"好"、穿"好"，有条件还要"玩"好"乐"好。老年人对美好生活品质的向往和追求，体现了他们对生命、生活的热爱，乃人之常情。作为子女要充分理解父母对新的物质生活的需求，在自己享受高品质的物质生活同时，不忘记满足父母同样的需要。除了经常去看望父母、给父母零花钱、给父母做喜欢吃的饭菜、有病及时就医外，有条件的话还可以给父母买保险，教他们用电脑、看手机，带父母外出旅游等。让父母和自己享有同等的物质生活水平，是今天社会发展对"赡养父母"提出的新要求。

在城市，坚决反对啃老的社会现象。一些年轻人"不劳而获"思想严重，自己"好逸恶劳"，却要追求高品质生活，在经济上强行依赖父母，极大影响了老年人的生活质量。

在农村，大多数老年人是老而无休。他们不仅要照顾自己的生活，承担大田的劳动，还要替子女们看家，照顾"留守儿童"。而那些丧偶或者失去劳动能力的高龄老人，则常常采取"轮养"的方式，准确地说是依次到几个儿子

图1　老人们需要承受孤独（源自网络）

图2　照顾自己的日常起居（源自网络）

33

图3　还需要为儿女们照看孙辈
（源自网络）

家轮流吃饭。这种轮流方式，父母很难得到好的物质生活和照顾，经常出现儿子越多、越推诿、越扯皮的现象。再加上农村经济基础差，社会保障程度低等因素，老年人日常生活照料缺失，普遍出现老年性营养不良和各种慢性疾病。当子女外出打工，老人更陷入"看病无人陪，有病无人管"的境地，导致老年人老而无安。关注和改善老年人吃、穿、住、行、就医等基本生活条件，是农村养老的首要保障。

在目前，我国社会养老体系还未完全建立，老年人晚年生活的质量在很大程度上仍取决于孩子的孝顺程度。子女应在自己的能力范围内，最大限度地满足父母的需求，照料好父母的衣、食、住、行和身体健康，让其颐养天年，减少"子欲孝则亲不待"的遗憾。赡养父母，是子女义不容辞的、法律赋予的责任和义务，绝不能以老人"偏心"或"再婚"、"曾有过错"等为由推卸自

"平语"
近人

　　我国已经进入老龄化社会。让老年人老有所养、老有所依、老有所乐、老有所安，关系社会和谐稳定。我们要在全社会大力提倡尊敬老人、关爱老人、赡养老人，大力发展老龄事业，让所有老年人都能有一个幸福美满的晚年。

　　——习近平：《在二零一九年春节团拜会上的讲话》（2019年2月3日），《人民日报》2019年2月4日

己的赡养义务。

2. 内安于心

精神赡养，是指在家庭生活中尊重、理解、关心、体贴老年人，在精神上给予慰藉，使其愉悦、开心。俗话说，"家有万金，不如儿女孝心"，讲的就是精神赡养的重要。养老不仅只要吃穿，更需要亲情和温情。精神赡养对老年人的身心健康、生活质量和家庭幸福都非常重要。

然而，现实中老人对目前"精神赡养"状况的满意度非常低，他们最大的渴望就是亲情交流和家庭温暖。《感谢你们照顾我，但我后悔生下你们》，微信群里转发的这篇文章，是一位80岁的老母亲临终写给儿子们的遗书。母亲描述了自生病以来，儿子们对待自己的态度以及自己心理的变化，令人心酸："……我生了你们4个，又帮你们带大8个孩子。也就是说，我这一生，用一双手，亲手抚养儿孙12个人。但是，我老了，老到要看你们的脸色生活。……我明显感觉到你们对我的不耐烦，一日多过一日。……你们每一个人的脸色都越来越难看。来了，对我没有一句话，走了，依然没有一句话。……没有人再来了，把寂寞不容分说还给了我。……如果有来生，再也不见了。"老母亲那寂寞、孤独、无奈、无助的感受应引发天下所有儿女们反思：当我们忙着工作、忙着生活、忙着社交的时候，请别忘记，父母需要我们的问候和陪伴。在精神赡养方面，子女应做到：

精神安慰——物质上的满足代替不了精神需求。特别是温饱

35

问题得到解决以后，精神需求要高于物质需求。子女应该给老人提供精神上的安慰，使老人觉得被尊重，感到心情愉悦。

生活关心——"常回家看看"固然很好，但经常挂念父母、关心父母更为重要。一句温和的问候、一个温暖的电话，就能让老人高兴好几天。

言语沟通——平时多与老人交流、谈心，除了问候父母的身

法律链接

"家庭成员应关心老年人的精神需求，不得忽视、冷落老年人。与老年人分开居住的家庭成员，应当经常看望或者问候老年人。"

——《中华人民共和国老年人权益保障法》第十八条

体和家里的事情，也要谈谈自己的情况。除了经常问候父母外，也给父母分享自己的事，或高兴或难处，让父母放心。

子夏问孝，子曰："色难。有事，弟子服其劳，有酒食，先生馔，曾是以为孝乎？"意思是说，给老人一个好脸色看是最难的孝敬。特别对需要长期护理的失能、失智老人。照顾者（特别是直接承担护理责任的女儿和媳妇）所承受的生活和精神压力是可想而知的，能做到"不抱怨、不训斥"确实太难了。

如今生活成本在不断提高，子女们挣钱养家的压力确实很大，对此，父母都很理解。父母习惯了以子女为中心，子女也习惯了以"自我"为中心，常常把自己小家的利益摆在第一位。调查显示：现在的年轻人不再把侍奉父母看做人生的大事。不少子女虽有孝敬父母的想法，但经常会因为"忙碌"而说"等

明天"。

让我们先算一笔账：中国人的平均寿命是 72 岁，假如你的父母现在 60 岁了，这辈子你能够和他们相处的时间还有 12 年。如果你跟父母居住在一个城区或一个村里，一天之中能抽出多少时间来陪伴父母，一年能有多少小时？12 年共计多少，折合多少天？假如你远离家乡或外出打工，每年你能回去几次？一次几天，几天中又有几个小时是留给父母的？12 年的时间总共多少？这个方法让很多人"算出一身冷汗"，"算得留下了眼泪"。原来，我们和父母相处的时间并不是想象得那么长。那么，在这么短的时间内，我们应该为父母做些什么？又能够做些什么呢？

作为儿女，首先要和颜悦色对待父母，尽量让父母心情舒畅；要及时关注父母的情绪变化和心理需求，经常与老人沟通、交流他们熟悉的事情；遇事向老人咨询、取经，让老人感受到自己在家庭的有用和重要，满足老年人情感上的依恋和需求；减轻他们的焦虑、恐慌和孤独感，使老人"内安于心"。

3. 快乐生活

早在 1999 年的国际老人年，《联合国老人法》就倡导各国政府的老年政策应该体现下列原则：

独立性——提升老年人的自主能力、自我保护和照顾能力。

社会参与——老年人是社会整体的一分子，应该能够建立自己的组织，有参与发展的机会。

经典名句

　　老年是人生最宝贵的阶段，老人见多识广，头脑清醒，能够迅速辨别好坏、真伪和对错，也很少因为感情冲动而失去理智。

　　　　——古罗马哲学家西塞罗

　　自我实现——老人应该获得合适的教育和培训，有机会发展自己的潜能。

　　尊严——老年人应该有尊严和有保障地生活，不受身体和精神上的虐待，不分年龄、性别和民族，都应该公平地对待。

　　健康——身体健康、心理健康、保持良好的人际关系。

　　照顾——老年人应该能够获得家庭和社区的照顾和保护。

　　这些原则强调了老年人作为社会人，同其他人一样具有参与、学习、健康等权利，突出了老年人作为重要的社会资源。体现了人类对老年人应有的爱心和尊重，真正使老年人过上健康向上、高质量、有尊严的生活。

　　社会上许多人对老年人存在着偏见，觉得老年就代表着"衰老"和"无用"，因此，也误导不少老人默认这个负面观点，自己也认为老了、没用了。科学证据表明：绝大多数老年人的晚年过程是积极、健康、有成效和令人满意的。老年人是具有生存力和潜能的，他们仍然可以学习新的复杂的技巧、找到新的学习和工作方式，开启生活的新天地。

　　常秀峰，河南省方城县姜家村一位普普通通的老年妇女，没上过学、不识字。她最大的愿望就是：无论生活再苦，也一定要让孩子们读书。她的五个子女，成人后都在外地工作或上学。

2003 年，丈夫去世，在儿子的一再劝说下，70 多岁的常秀峰离开呆了一辈子的小山村，来到儿子工作的广州。

在和五岁的孙女玩耍时，孙女儿问她："奶奶，苹果树长什么样儿？"她回答说："我也说不清，给你画出来吧。"就这样，从来没有接触过绘画的常秀峰，拿起孙女的蜡笔画出了苹果树，接着画了家乡的山水、房屋、土地、庄稼，没想到这一画就一发不可收了，而且越画越想画。

后来，儿子把她的画放到自己的博客上，一下子迅速走红。《南方都市报》、《新京报》、《北京青年报》、《凤凰周刊》、《南方人物周刊》等各大媒体对常秀峰的作品和经历进行了报道，还

道德案例

彩虹爷爷黄永阜

黄永阜是台湾的一个退伍老兵，生活在台中市春安里的一个小村庄。随着城镇化的发展，这个村庄日益衰败。黄永阜的晚年生活十分苦闷，为了打发时间，86 岁的他拾起了小时候的爱好——画画。

起初，他只是用油漆在自家的屋里屋外涂涂抹抹，后来邻居们被他的画所吸引，纷纷邀请他去作画。就这样，他每天都画呀、画呀，用了三年多的时间，画满了村子里的老旧房屋和街道，使原本单调破败的村庄变成了五彩缤纷的童话世界。人们给这个村庄起名叫做"彩虹村"，亲切地称黄永阜为"彩虹爷爷"。

一个本来要被拆掉的村子，因为一个 90 岁老人的绘画而被保留下来，还成了旅游的热门景点，每年吸引大约 50 万人前来参观。

这真是：一个老人改变了一个村庄的命运！

在香港为她举办了画展，有人把她和世界著名画家梵高联系起来，称她为中国的"梵高奶奶"。

树立"积极老龄化"观念，消除对老年人的歧视，把老年人作为重要的社会资源，认识并发掘老年群体中蕴藏的技能、经验与智慧，积极为老年人创造社会参与的机会，使老年人能够根据自己的劳动潜力、工作愿望、生活需求和志趣爱好继续为社会发展做出贡献，以更充分实现自我价值。这是新时代社会应该树立的"老龄观"。

河南省登封市石道乡西窑村老年协会成立于2011年4月。在村两委支持下，老年协会开展了丰富多彩的社区活动。如开办"日间托老所"，为单身老人提供用餐服务；参与村庄的风俗变革，使老年人成为婚育新风的倡导者和推动力量；积极组织集体健身活动，增加老人生活情趣；开展老人间的互动，探望生病老人，义务为老人理发等；老年人以自己的组织为依托，增加了参与社区事务的机会，提高了参与意识和能力，也给西窑村带来了活力。

福建省德化县许厝村是一个地处边远、经济落后的小山村，全村80%的青壮年外出务工，是个典型的山区"空巢村"。1999年6月，一位退休老人发起成立了"老人义务互助小组"，由32位身体健康、热心助人的老人组成，与村里72位老人结成对子，开展义务互帮互助活动。如今，这个"老人义务互助小组"已经坚持了二十年，为村里的空巢老人筑起了一个温馨的"家"，小组成员也得到了全村人的信任和拥护。

所以，面对老年，老年人自己首先要"自立"。即以积极的

"平语"近人

孩子们从牙牙学语起就开始接受家教，有什么样的家教，就有什么样的人。家庭教育涉及很多方面，但最重要的是品德教育，是如何做人的教育。也就是古人说的"爱子，教之以义方"，"爱之不以道，适所以害之也"。

——习近平：《在会见第一届全国文明家庭代表时的讲话》（2016年12月12日），《人民日报》2016年12月16日

行动抵制年龄歧视，坚持自己的事情自己做。其次，要正确地认识"老"。对"老"持一种现实的、积极认同的态度，从心理上战胜对"老"和"空"的担忧与恐惧，减少对子女的依赖。同时，积极寻求并投入新生活，体验到老年的价值与力量。其实，除了家庭之外，老年人也可以在社区找到"用武之地"和"快乐之地"。只要老年人自己调整心态，坦然迎接老年期的到来，把精力投入到有意义的活动，更快乐地生活，生命便有了新的价值。

尊老、敬老是中华民族的传统美德，是先辈们传承下来的宝贵精神财富。是中华文化传统中的精华，也是中华民族强大的凝聚力和亲和力的具体体现。

（二）爱子，教之以义方

自古以来，中国人就特别重视家庭在抚育和教育子女中的重要性。家庭是孩子的第一课堂，父母是孩子的第一任老师。为人父母者，要加强对孩子的照顾、抚养和教育，提高他们在实际生活中不可或缺的素质。既要给孩子传授知识和经验，也要播撒亲

情和爱意，还要灌输品德与规矩，特别是强化对品格的磨练。尊老爱幼的家庭美德强调孝敬和奉养父母，正反映出教养儿女的爱心和责任。

长辈喜爱孩子，孩子也喜爱长辈。长辈们有付出，也能得到回报。孩子身上的每一点进步，都会让长辈乐不可支。与孩子同生活，同嬉戏，都会提升长辈们的童心、童趣，心旷神怡，延年益寿。南宋诗人陆游能活到85岁，与他"时取曾孙竹马骑"，享受天伦之乐有关。

爱孩子是父母的天性，是本能。而中国父母和家庭对孩子的爱可以说是世界上最伟大、最无私的。目前，我国4+2+1的家庭模式（爷爷奶奶、姥爷姥姥＋爸爸妈妈＋小宝贝）比较普遍，家里孩子少了，条件好了，有能力更"爱"孩子了。"要星星，不敢给月亮"，一家人围着孩子转，孩子成了家里的"小皇帝"。正所谓"爱之不以道，适所以害之也"。那么，新时代我们该如何爱孩子呢？

1. 爱不等于包办

受"再穷不能穷教育，再苦不能苦孩子"观念的影响，许多家长在"补偿"心理的驱使下，倾尽全力给予孩子最好的物质条件。为了不让孩子输在起跑线上，生活中过度保护、包办代替，对孩子唯一的要求就是高分数、好成绩。那么，孩子"赢在了起跑线上"又如何呢？

两岁识千字，17岁考入中科院硕博连读却遭退学的"神童"，母亲曾代劳他生活上的一切甚至喂饭，而今忏悔："是我害了他。"近几年媒体不时报道小学生、中学生、大学生杀害亲生母亲的案件，其中不乏"听话懂事"、"成绩优异"、"天才学霸"式的好学生。引发这些惨案的原因，要么是从小溺爱，要么是管教过严。无数事实证明，对孩子溺爱与棍棒教育的后果是一样的，都是对孩子的不尊重，都是对孩子权利的剥夺。

经典名句

一切都给孩子，牺牲一切，甚至牺牲自己的幸福，这是父母给孩子的最可怕的礼物。

——苏联马卡连柯

也许有人会说，"神童"及"弑母案"都是极端案例。那么，上了大学，孩子不会洗衣服、不会收拾床铺，父母隔一段时间去学校帮忙打扫卫生、收拾内务，这样的事实绝非个例。可见，每个无法独立的成年人背后，一定站着包办一切、担心孩子不优秀而焦虑的父母。如果父母从一开始把孩子当孩子，他也会一直把自己当个孩子，事事依赖，还觉得一切都是理所当然。最终只会养出以自我为中心、生活无法自理、性格无法独立的"巨婴"。

教育的目标是促进人的全面发展，而其核心就是主体性。如北京师范大学裴娣娜教授认为：主体性倡导人是教育的出发点，人的价值是教育的最高价值；培育和完善人的主体性，使之成为时代需要的社会历史活动的主体，是教育的根本目的。成长悲剧往往是家庭教育极端发展的结果，健康发展一定是和谐发展，而平衡才能和谐，所以德、智、体、美、劳不可偏废。

"自己能做的事情，一定要自己做。孩子的事情，一定要让孩子自己做，父母亲不要代替。"从小培养孩子的自立精神，不给别人添麻烦，包括不给爸爸、妈妈和爷爷、奶奶这些最亲近的人添麻烦，这应该成为现代人与现代社会的一个基本的行为准则。

2. 爱是尊重

父母对孩子过度的保护，其实是没有把孩子作为一个独立的人来看待。孩子和我们成年人一样，首先是一个"人"，一个享有独立人格的"人"，一个拥有自己尊严和独特权利的"人"。所以，反对传统的"家长制"作风，反对把孩子看作家庭的私有财产或家长的附属品，随意管束和控制。

（1）尊重孩子的独立人格，跟孩子站在同一平台上平等对话，反对父母对孩子的专制和控制。只有感受到被爱和尊重，孩子才会意识到自己是有价值、有能力的，是不可缺少的，才能获得良好的自我定位，建立自信，为将来自身的持续发展奠定基础。

如果家长随意呵斥、责备、惩罚孩子，让孩子常常感受到委屈、羞辱，他们便会认为自己是无能的、被人看不起的，从而丧失基本的自尊与自信。这种消极的自我概念一旦形成，将会影响孩子终生的发展。

所以，家长时常要倾听孩子的表达和心声，关注孩子的情感变化、理解孩子的意愿。与孩子沟通时，不要居高临下，单方面灌输大道理，要保持平等的态度，多商量、多交流，多倾听。认真回答孩子的问题，耐心解释，表示对孩子的重视和尊重。

（2）尊重孩子的兴趣、爱好和探索、选择的自由。兴趣是最好的老师。家庭是孩子成长的重要资源。作为家长，理应为孩子的潜能发展提供支持，创造有利的环境。家长不能以"为孩子好"等借口替代孩子的所有决定，要尊重孩子的兴趣和爱好，给孩子自主选择的空间、自由决定的时间，并允许孩子犯错误，让孩子"顺木之天"地成长。

（3）尊重孩子身心发展的特点和规律，理解孩子特有的表达方式。深爱孩子的父母往往最恨孩子的叛逆，却不知叛逆中有珍贵的品质在蓬勃生长。所谓叛逆，不就是顽强地表达自己是对的吗？北师大心理健康与教育研究所所长边玉芳教授认为，叛逆期是孩子发展的必经阶段，叛逆是一个好的开始，对未来发展很关键。家长对待孩子的叛逆，最重要的是理解和尊重，最需要因人而异。如对于暴躁型叛逆的孩子，不要硬碰硬；对于沉默型叛逆的孩子，要耐心等待，慢慢沟通；对于阳奉阴违型叛逆的孩子，要让孩子感受到真诚。孩子的青春期最考验父母的爱心与智慧，家长要学会科学地"爱"孩子，既要学会积极耕耘，也要学会静等花开。

（4）尊重和保护相结合。和成年人相比，孩子是稚嫩、弱小的个体。无论在生理或心理上，他们都处在不成熟或不完全成熟阶段，对周围的人和事物认识比较肤浅，情感比较脆弱，不能采取理智的行为等。尤其是青春期的孩子，随着他们生活体验的加深，不安和好奇心相互交织，心理极不安定，常常爱激动，乱发脾气。这就决定了孩子对于自己权利的行使，必须通过成人的教育和保护才能实现。家庭、学校、社会都有义务和责任保障未成年人的尊严和合法权益不受侵犯。家长不仅仅是儿童的"教育者"，还应当是儿童尊严和权益的实际维护者。

可见，父母对孩子真正的爱，是尊重孩子的天性，"让家庭

> **"平语"**
> **近人**
>
> 要按照人才成长规律改进人才培养机制，"顺木之天，以致其性"，避免急功近利、拔苗助长。
>
> ——习近平：《在中国科学院第十七次院士大会、中国工程院第十二次院士大会上的讲话》（2014 年 6 月 9 日），《人民日报》2014 年 6 月 10 日

适应儿童，而非儿童适应家庭"。好的教育应当让孩子像孩子，使孩子充分享受本该属于自己的游戏和浪漫童年。如同黎巴嫩作家、诗人、画家，阿拉伯文学的主要奠基人纪伯伦（1883 年——1931 年）所说：孩子虽是借你而来，却不属于你；你可以给他爱，却不可以给他想法，因为他有自己的想法。如果你执意把孩子拽上成人的轨道，当你这样做的时候，你正是在粗暴地夺走他的童年。

3. 注重品德教育

家庭教育是一切教育的基础，是孩子道德养成的起点，在孩

子健全人格建构、良好行为习惯养成过程中，起着独特的、终身的教化功能，其影响远比学校大得多、长得多。习近平总书记强调："家庭教育……最重要的是品德教育，是如何做人的教育。也就是古人说的'爱子，教之以义方'"。然而，一项全国调查显示：52.5%的家庭教育仍然着重"为孩子安排课余学习内容"；34.6%的家庭在"陪着孩子做功课"，忽略了对孩子身心健康、健全人格教育等家庭最基本职责的履行，反映了当前不少家庭在子女教育职责上的"越位"或"错位"。

良好的环境是孩子形成正确思想和优秀人格的基础，而家庭是人类教育中最具建设性的因素。培养孩子对生活的热爱、对自己的信心、对他人的信赖，对自然与社会的亲近，为其今后形成健全人格和终身学习的能力打下良好基础。回归生活教育，重视对孩子"成长为人"所具有的不可估量的影响力，应当成为新时代家庭教育最重要的使命。

（1）生活教育。生活教育就是在生活中教育，教育在生活中进行。人民教育家陶行知指出：教育只有通过生活才能发出力量而成为真正的教育。因此，要造就一个真正的人，就应该培育孩子"对生活强烈的爱"和"学会正确地生活"。

理想的教育不仅提供书本知识，还应该传授生活学问和生活艺术。而现代教育只注重知识传授、注重升学和分数，课堂、书本和名目繁多的培训、考试几乎成了孩子全部的生活内容。在应试教育的裹挟下，不少家庭在家里不让孩子做家务，还暗示孩子少参加集体活动，少担任班集体工作。两耳不闻窗外事，一心只读教科书，孩子变得自私冷漠，不关心集体，缺乏理想和追求，甚至精神空虚，行为失范。

"一日生活皆教育"。现代家庭要善于利用生活中的教育价值，增长孩子的生活智慧，培养生活能力。如让孩子学做一顿饭、独自招待一次客人、自己整理书包、收拾房间、制定外出计划、准备所带物品等。在日常点滴生活中，培养幼儿做自己的主人，对自己的事情负责，懂得感恩。正所谓"劳则善心生"。

英国教育家、哲学家怀特海指出：教育的主题只有一个，那就是五彩缤纷的生活。日本诺贝尔物理学奖得主江崎玲于奈也说：一个人在幼年时通过接触大自然，会萌生出最初的、天真的探究兴趣和欲望，这是很重要的科学启蒙教育，是通往产生一代科学巨匠的路。家庭要创造机会让孩子亲近自然，丰富生活内容，如参观展览馆、博物馆，游览名山大川、名胜古迹，仰望夏夜星空、月下山峦，了解各地风土人情、历史文化。行万里路胜读万卷书，给孩子创造更丰富的生活，让他们体味大千世界的奇妙无穷，滋养心灵，充实精神，轻快地走向更广阔的发展空间。

教育的最终目的就是受教育者能够快乐地生活、有幸福感。而生活教育正是以生活为中心，培养孩子的生活技能、提高其生活情趣和能力，使孩子快乐而幸福地生活。家庭教育应尽早为孩子提供"生活通行证"，让孩子今天快乐，未来幸福。

（2）人格教育。健康人格的培养已经成为当前优质教育发展的必然选择。先秦时期，我国儒家哲学就提出了人格教育思想，把德性人格的培养看成既是德治之条件，更是个人自身发展、完善、实现自我价值和安身立命之根本。

"人格教育"的概念、观点，古今表述尽管不一，但促使每个受教者身心全面和谐、健康发展的价值取向基本一致。而要真正达到发展的全面与和谐，就必须塑造与提升每个人的人格。国内外研究证明，幼儿时期人格发展水平与其之后的人生走向密不可分。正如教育家蔡元培先生认为的那样："决定孩子一生的不是学习成绩，而是健全的人格。"而有血缘亲情的家庭，哺育着人成长，寄托着人的情感，是人一生的归宿。向上向善、相亲相爱的家庭是培植孩子健全人格、点燃孩子爱意和亲情的摇篮。

孩子爱的积极情感，是在日常生活中日积月累逐渐形成的。新时代要充分发挥家庭的教化功能，传递尊老爱幼、男女平等、夫妻和睦、勤俭持家、邻里友善的观念，倡导忠诚、责任、亲情、学习、公益的理念，为孩子营造一个干净向上、有情有爱的成长环境，健全孩子的人格和积极情感，让孩子在生活中体验爱、欣赏爱、表达爱、实现爱。

（3）养成教育。家庭教育在个体道德品质养成方面具有得天独厚的作用，父母长辈的价值观念、人生态度、生活习惯都将为孩子判断是非、分辨对错提供标的，为孩子形塑了最初的行为遵循。

"平语"
近人

> 要在家庭中培育和践行社会主义核心价值观，引导家庭成员特别是下一代热爱党、热爱祖国、热爱人民、热爱中华民族。要积极传播中华民族传统美德，传递尊老爱幼、男女平等、夫妻和睦、勤俭持家、邻里团结的观念，倡导忠诚、责任、亲情、学习、公益的理念，推动人们在为家庭谋幸福、为他人送温暖、为社会作贡献的过程中提高精神境界、培育文明风尚。
>
> ——习近平：《在会见第一届全国文明家庭代表时的讲话》（2016年12月12日），《人民日报》2016年12月16日

自觉或不自觉地重复他人（榜样）的行为是幼儿社会学习的基本方式。对孩子最好的教育和影响，莫过于家庭成员做出榜样，莫过于创造一个相亲相爱、遵纪守法、文明礼貌、向上向善的家庭环境。家长就是孩子的环境，"其身正，不令而行；其身不正，虽令不从。"如果家长认为是好的行为，就直接做出来让孩子模仿好了。但是，要养成孩子持久的好习惯，只懂得模仿还不够，家长还要通过建立良好的家庭亲子关系，让孩子在关爱、温暖、尊重、信任中获得安全感，在体验被关爱、被尊重的同时产生自我价值感，进而形成自尊、自信。因孩子自我肯定而带来的愉快和满足，是一种来自孩子内在的奖赏。而这种内在的奖赏对于培养孩子良好行为习惯的养成，远比为了获得外在的奖励或避免惩罚而控制自己的行为，效果更长远和更有效。因为"人的行动来自于人本身的自我激发，由于做某事能引起兴趣，令人愉快，做这件事情无须外力推动，它本

身就是行动所追求的目的"。所以，这种内在的自我满足会诱导幼儿将模仿行为转变成一种自觉自主负责的行为，并持之以恒内化为自己的行为习惯。

习惯养成教育是引领孩子精神成长的有效途径。通过一点一滴的日常生活，以家长的言传身教和反复叮咛教诲，将良好的道德品质内化于心，外化于行，使孩子"习惯成自然"。

（三）尊老爱幼的道德实践

践行尊老爱幼，需要建立良好家风，需要普遍遵照村规民约，还需要积极地舆论监督和法律提供底线的保障。

1. 积善之家，必有余庆；积不善之家，必有余殃

习近平总书记在 2015 年新春团拜会的讲话中指出："家庭是社会的基本细胞，是人生的第一所学校。不论时代发生多大变化，不论生活格局发生多大变化，我们都要重视家庭建设，注重家庭、注重家教、注重家风。"这为新时代开展家庭美德建设提供了重要的实践遵循和理论指导。

家风，又称门风，是一个家庭或家族多年来形成的传统风气、风格和风尚，承载着一个家庭或家族的生活方式、生活态度、文化氛围、理念、价值观和人生观等，这些建构成一个家庭或家族独特的特色。家训是指对子孙立身处世、持家治业的教诲。

家风家训是一个家庭或家族最为重要的、无以替代的精神财富；它弥漫于整个家庭或家族之中，影响到每一个家庭成员，惠泽于家庭的成员；家风家训也是一个家庭或家族的魂魄之所在，

支撑着家庭的进步与发展；是一个家庭内在的精神动力，更是生长在其中的每个人立身处世的行为准则。好的家风，对家人，尤其是对孩子的世界观、人生观、道德素养、为人处世及生活习惯等，都会产生良好的影响。可以说，有什么样的家风，就有什么样的做人做事态度、为人处世伦理。

弘扬家风家训是新时代家庭美德建设的首要途径，是提升我国文化自信的重要力量。"百善孝为先，百德孝为首"，在各种德行中，尊敬长辈始终稳居第一。如果一个人连父母、长辈都不孝顺，何谈报效祖国。传承良好家风的过程，就是继承老一辈丰富精神财富的过程，就是尊重老一辈的身传言教的过程，离开了尊老爱幼，传承良好家风便无从谈起，构建和谐社会恐怕也只能是一句空话。只有每个家庭都释放出清雅和睦的正能量，整个社会才会充满爱与美，才能和谐稳定发展。树立好家规，传播好家训，传承好家风，是我们每一个家庭义不容辞的责任和担当。

例如，周恩来同志的"十条家规"：一是晚辈不准丢下工作专程来看望他，只能出差顺路时看看；二是来者一律住国务院招待所；三是来者一律到食堂排队买饭菜。有工作的自己出钱，没有工作的由总理代付伙食费；四是看戏，以家属身份买票入场，不得用招待券；五是不许请客送礼；六是不许动用公家汽车；七是凡个人生活中能自己做的事，不要别人去办；八是生活要艰苦朴素；九是在任何场合都不要说出与总理的关系，不要炫耀自己；十是不谋私利，不搞特殊化。此家规即可以有效抵御现阶段功利

"平语"
近人

家风是社会风气的重要组成部分。家庭不只是人们身体的住处，更是人们心灵的归宿。家风好，就能家道兴盛、和顺美满；家风差，难免殃及子孙、贻害社会，正所谓"积善之家，必有余庆；积不善之家，必有余殃"。诸葛亮诫子格言、颜氏家训、朱子家训等，都是在倡导一种家风。毛泽东、周恩来、朱德同志等老一辈革命家都高度重视家风。我看了很多革命烈士留给子女的遗言，谆谆嘱托，殷殷希望，十分感人。

——习近平：《在会见第一届全国文明家庭代表时的讲话》（2016 年 12 月 12 日），《人民日报》2016 年 12 月 16 日

主义、享乐主义思潮影响。

只有每一个家庭都既承担起"帮助孩子扣好人生的第一粒扣子，迈好人生的第一个台阶"的重担，又承载起帮助孩子"在为家庭谋幸福、为他人送温暖、为社会作贡献的过程中提高精神境界、培育文明风尚"的重任，这样的家庭培养出来的孩子才能够在"自觉承担家庭责任、树立良好家风"以及为社会作出有益贡献等方面打下良好的思想基础、品德基础和人格基础。

2. 遵守村规民约

村规民约是村民共同约定的行为规范和村庄管理规则，是村民进行自我教育、自我管理、自我服务的规则，它体现了村民自治。

1988 年 6 月，随着《村民委员会组织法》的颁布实施，国家对村规民约制定原则做出了相应规定，村规民约日趋规范。20 世

纪 90 年代，民政部门开始在全国推广《村民自治章程》，标志着村规民约在文本形式上的完善和成熟。

村规民约作为村民共同认可的"公约"，是村民根据本村的实际情况，依照村民集体意愿，经过民主程序而制定的规章制度。它影响着村民的观念，规范着村民的行为。大家习惯地用这些规范要求自己，也同时要求别人，每个人都盯着别人，也被别人盯着。因此，村民们往往有着较强的"从众"心理，极其看重村里人的舆论。

由于传统"重男轻女"文化的根深蒂固，旧的村规民约都存

《纲要》链接

各类社会规范有效调节着人们在共同生产生活中的关系和行为。要按照社会主义核心价值观的基本要求，健全各行各业规章制度，修订完善市民公约、乡规民约、学生守则等行为准则，突出体现自身特点的道德规范，更好发挥规范、调节、评价人们言行举止的作用。要发挥各类群众性组织的自我教育、自我管理、自我服务功能，推动落实各项社会规范，共建共享与新时代相匹配的社会文明。

在男女不平等条款，违背国家男女平等的法规和政策，侵害农村妇女的合法权益。比如宅基地分男不分女；有儿子的家庭女儿必须出嫁；拒绝出嫁女留在本村，或不让离婚、丧偶回村的妇女落户等，这种村规民约的规定，实际上已经违背《中华人民共和国婚姻法》、《中华人民共和国妇女权益保障法》，甚至违宪。因此，借助修订村规民约的契机，充分发挥"村规民约"在家庭美德建设中的特殊作用，宣传男女平等意识，引导尊老敬老风尚，改善

农村老人的养老现状，加强村风文明建设。

修订村规民约是关系村庄公共事务的大事，涉及到每个村民的切身利益，应严格遵照民主、公开、守法的原则。要经过充分的民主协商，使村民们感到这是"自己参与制定"的村规民约。这种"参与感"对于村规民约的执行与落实是非常重要的。

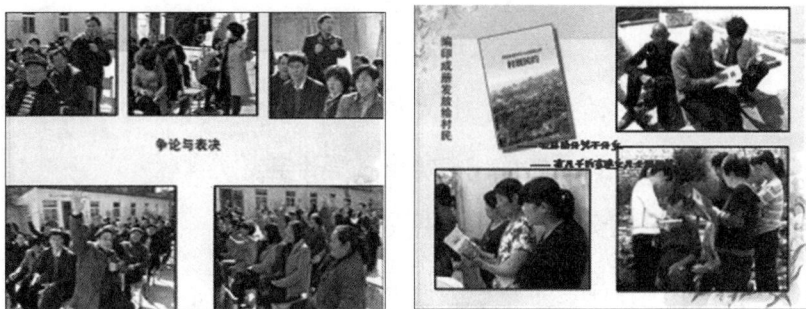

《纲要》链接

广泛开展移风易俗行动。摒弃陈规陋习、倡导文明新风是道德建设的重要任务。要围绕实施乡村振兴战略，培育文明乡风、淳朴民风，倡导科学文明生活方式，挖掘创新乡土文化、乡贤文化，不断焕发乡村文明新气象。充分发挥村规民约、道德评议会、红白理事会等的作用，破除铺张浪费、薄养厚葬、人情攀比等不良习俗。

为了让新的村规民约入脑入心，需要找到适合农民的宣传方式。如将村规民约手册分发到每家每户，确保村里的每一个人都能了解孰知；手册要通俗易懂，好看好用，能吸引村民学习了解，为落实村规民约奠定良好的群众基础。同时，要为村规民约的每一条款都配上图和农民喜爱的顺口溜，帮助村民记忆、理解条款的内容和含义。此外，将村规民约编成戏剧、快板、对口词、群口词等，通过村民喜闻乐见的方式，使村规民约彻底从墙上下来，扎根民间，成为新农村、新农民的自觉行动。

例如，河南省登封市周山村村民，结合村庄实际，将村规民约第二十六条有关"尊老、敬老、养老"的内容创造性地编成了朗朗上口的顺口溜：

莫忘父母恩

有句话，重千斤，长大莫忘父母恩。

生儿育女心操尽，省吃俭用受苦辛。

只盼儿女长成人，累断筋骨也甘心。

滴水之恩当相报，父母恩情比海深。

如今父母年已老，腰酸腿疼病缠身。

子女理应多照应，饮食起居常关心。

平日说句贴心话，粗茶淡饭也暖心。

劝人要做孝顺子，有亲不养难做人。

敬老养老歌

乡风文明促进会，农村建设添活力。

组织村民勤学习，移风易俗正风气。

婚丧嫁娶全都管，养老敬老排第一。

子女应尽赡养责，虐待老人不允许。

赡养老人尽义务，继承家产享权利。

以上规定若违犯，协会有权去干预。

轻则批评给帮助，重则法院投诉去。

还有老人所得款，村组干部去办理。

亲自交到老人手，带领冒领需警惕。

老人权利要维护，揭恶扬善理不屈

正如《纲要》所强调的要深化群众性创建活动，让各类创建活动成为人民群众自我教育、自我提高的生动实践。群众性精神文明创建活动要突出道德要求，充实道德内容，将社会公德、职业道德、家庭美德、个人品德建设贯穿创建全过程。

所以，找准和农民息息相关的问题作为切入点，借助村民参与修订村规民约的契机，宣传并推动乡村尊老爱幼传统美德的建设，发挥村规民约对村民的自我管理、自我教育、自我约束的功能，以确保乡村社会充满活力、和谐有序。

3. 发挥舆论监督

社会舆论若只在街谈巷议中存在，或仅记载于决议，其力量是有限的。广播、电视、网络等新闻传播工具的广泛传播，唤起人们对某一社会问题的注意，才能把舆论凝聚起来，影响人们的思想和行动。在老龄化社会、养老问题尤其是农村老人赡养危机严重的今天，尊老爱幼的传统美德更需要通过社会教化和舆论引导，来营造人人尊老、家家敬老的良好社会风尚。

"平语" 近人

精神文明建设工作部门要发挥统筹、协调、指导、督促作用，动员社会各界广泛参与，推动形成爱国爱家、相亲相爱、向上向善、共建共享的社会主义家庭文明新风尚。

——习近平:《在会见第一届全国文明家庭代表时的讲话》(2016年12月12日)，《人民日报》2016年12月16日世界卫生组织指出："为了促进积极老龄化运动，所有的相关责任人都应该通过在政治舞台、教育部门、公共论坛和新闻媒体，如广播和电视节目的对话、讨论和争论来阐明和普及'积极老龄化'的概念。整个社会都要走出旧的传统人口老龄化思想认识的误区，树立积极老龄化的新观念。为实现积极老龄化的目标，除了卫生和社会服务，还需要许多部门的行动。"

教育能使人们的认识、观念、行为发生转变，是解决问题的基础。它的最大魅力在于它不只是告诉人们是什么，同时也说明了为什么。所以，应充分发挥现代媒体在教育宣传和舆论监督过程中的作用，弘扬尊老爱幼的家庭美德，树立积极老龄观，营造老年人有尊严和价值生活的社会氛围。

第一，强化媒体社会舆论主战场的地位。宣传老人在社区建设中的推动作用，让政府和普通民众重新认识到老年人的价值，为老年人参与社会营造舆论环境。

第二，发挥媒体社会舆论的导向功能。通过超越老人刻板印象的描述，树立具有智慧、机智和仁爱的老人新形象，呈现老人全面的多样性，承认老年人的社会价值，消除任何排斥或歧视老人的做法，维护老年人的尊严。

第三，鼓励为老人提供获取知识、教育和培训的机会，提升老年人参与社会的能力。教育是积极而充实生活的基础，是老人参与社区的一个先决条件。教育也有助于降低老人被忽视、孤独和与其他年龄层次之间隔阂的程度，促进享有各项权利和增加社区参与的机会。让老人持续获取培训和进修的机会，尤其是确保老人能够获取信息和通信技术。

第四，为老年人举办能够发挥老年人优势和开发潜能的活动，以调动不同老年人社会参与的积极性。

第五，宣传保护老年人参与社区发展的权益。社区决策中要有代表老年人利益的老人代表；要让老人参与社区决策进程，将老人的需要和关心的问题纳入社区决策的主流；要扩大老年人选择权利和选择范围，使老年人更好地参与社会。

第六，发挥媒体舆论监督的功能，树立模范典型，彰显尊老爱幼家庭美德建设的示范和辐射作用。

史实证明：贯彻落实尊老、敬老家庭美德的社会保障措施，与开展尊老、养老的社会教育和舆论监督有直接的关系。如我国汉代政府借政策舆论和礼法之力推行孝道伦理，将尊老养老提高到政治高度，实现老有所养的同时巩固家天下。信息化时代的今天，多样化媒体舆论渠道和方式，为"尊老爱幼"传统美德的公众教育和社会舆论监督提供了更高效、便捷的条件。

4. 强化法律保障

保护幼儿权益、完善老年人社会保障，必须强化法律手段。世界卫生组织指出："在政策和项目解决人们在年老过程中的社会、经济、人身安全上的保障需要和权利的同时，保障老年人在不能维持和保护自己情况下受到保护、照料和有尊严。支持家庭和社区通过各种努力照料其老年成员。"要大力发展社区照顾，以应对家庭结构的小型化下家庭养老之不足的状况；要健全最低生活保障制度，使低收入或无收入的老年人得到低保救助；要对老年人进行法律援助，维护老年人的合法权益；要为老年人提供安全保护，社区要建置老人专用设施，保障老年人行动安全。性

别上特别关注老年妇女。将积极老龄化列入城乡社区发展规划，

必须把"健康、参与、保障"这三大支柱作为社区的工作目标来

落实。严格适用《老年人权益保护法》等法律法规和相关方针政策，

与歧视老人行为做斗争，提供老人参与社区的信息、机会和支助。

"平语"
近人

> 法律是成文的道德，道德是内心的法律，法律和道德都具有
> 规范社会行为、维护社会秩序的作用。治理国家、治理社会必须
> 一手抓法治、一手抓德治，既重视发挥法律的规范作用，又重视
> 发挥道德的教化作用，实现法律和道德相辅相成、法治和德治相
> 得益彰。
>
> ——习近平：《加快建设社会主义法治国家》（2014年10月23日），
> 《十八大以来重要文献选编》（中），中央文献出版社2016年版

《老年人权益保障法》是一部专门保护老年人权益的法律。

第一条规定：为保障老年人合法权益，发展老年事业，弘扬

中华民族敬老、养老的美德，根据宪法，制定本法。

第七条规定：全社会应当广泛开展敬老、养老宣传教育活动，

树立尊重、关心、帮助老年人的社会风尚。青少年组织、学校和

幼儿园应当对青少年和儿童进行敬老、养老的道德教育和维护老

年人合法权益的法制教育。提倡义务为老年人服务。

第十一条规定：赡养人应当履行对老年人经济上供养、生活

上照料和精神上慰藉的义务，照顾老年人的特殊需要。

赡养人是指老年人的子女以及其他依法负有赡养义务的人。

赡养人的配偶应当协助赡养人履行赡养义务。

年人迁居条件低劣的房屋。

《中华人民共和国未成年人保护法》则是一部保护未成年人权益的专门法律。

同时，我国《宪法》、《婚姻法》等法律都明确规定："父母有抚养教育未成年子女的义务，成年子女有赡养扶助父母的义务。"

赡养父母是子女应尽的法定义务。任何人不得以任何方式加以改变，也不得附加任何条件进行限制。

在司法实践中，需要特别提醒子女在履行赡养义务时要注意以下六个问题：

（1）父母无力抚养幼年时的子女的，子女独立后应当履行赡养义务。虽然《婚姻法》为父母子女间规定了互相扶养的对等的权利义务，但这并不是说这两个权利是必须"等价交换"的，子女不能将父母是否对其履行了抚养教育义务作为自己履行赡养父母义务的前提。因此，子女对老年父母的赡养义务不得以此为由而解除。

（2）因父母的错误行为给子女造成心灵、身体伤害的，子女是否有赡养老年父母的义务。父母在抚养子女过程中，他们的一些一般性错误行为曾给子女造成心灵伤害的，子女成年之后，应当自觉履行赡养老年父母的义务。但是，父母犯有严重伤害子女感情和身心健康的罪行的，原则上丧失了要求被害子女赡养的权利。这些情形包括：父母犯有杀害子女的罪行的，父亲奸污女儿的，父母犯有虐待、遗弃子女罪行的等等。

（3）没有经济收入的已嫁女儿有无赡养义务。出嫁女儿本人没有收入的，不能作为拒绝履行赡养老年父母义务的理由。因为她们从事的家务劳动与丈夫谋取生活资料的劳动具有同等价值，其丈夫劳动所得的收入属夫妻共同财产，夫妻双方对夫妻共同财产有平等的处分权，可从夫妻共同财产中支付赡养费。

（4）赡养父母不能以"分家析产"为条件。子女赡养父母是法定义务，不受父母有无财产、是否分过家以及分家是否公平的影响。

（5）子女怎样分担赡养扶助义务。父母有多个子女的，应当共同承担赡养扶助父母的义务。每位子女承担义务的多少，应当根据各个子女的生活、经济条件进行协商。子女不能以父母对其年幼时的关心、疼爱程度或者结婚时资助的多少作为砝码，来衡量赡养扶助义务的多少。

至于赡养扶助父母的方式，可视具体情况而定。对于不在父母身边的子女，可定期支付一定数额的赡养费；与父母共同生活的子女还应当经常关心、照料父母的生活；当父母由于生病、生活不能自理时，子女除应分担为其治病所需的医药费、手术费、住院费等外，还应承担照顾、护理父母的义务。

（6）儿子（女儿）去世后，儿媳（女婿）是否有赡养公婆（岳父母）的义务。儿媳（女婿）与公婆（岳父母）的关系是因婚姻而成立的姻亲关系。儿子（女儿）去世后，因儿子（女儿）与媳妇（女婿）的婚姻关系消灭，而使得儿媳（女婿）与公婆（岳父母）的姻亲关系亦不复存在。

儿媳（女婿）是否承担赡养公婆（岳父母）的义务，我国法律未作明确规定。因此，不能强令儿媳（女婿）承担此项义务。我国《婚姻法》第21条规定："子女对父母有赡养扶助的义务。"

《婚姻法》第二十八条规定：有负担能力的祖父母、外祖父母，对于父母已经死亡或父母无力抚养的未成年的孙子女、外孙子女，有抚养的义务。有负担能力的孙子女、外孙子女，对于子女已经死亡或子女无力赡养的祖父母、外祖父母，有赡养的义务。

《老年人权益保障法》第十五条第一款规定："赡养老人不得以放弃继承权或者其他理由，拒绝履行赡养义务。"由此可见，赡养人的赡养义务是由法律明文规定了的，赡养人不得以任何理由推卸责任。同样，在赡养老年人这个问题上也是不能附加任何条件的。

《中华人民共和国刑法》第二百六十一条规定：对于年老、年幼、患病或者其他没有独立生活能力的人，负有扶养义务而拒绝扶养，情节恶劣的，处五年以下有期徒刑、拘役或者管制。该条是遗弃罪的具体规定。

从以上法律、法规不难看出，赡养老人、如何让老人安度晚年，不仅仅是一种道德层面的义务，更是一种法律规定的强制性义务。所以，不管是儿子或是女儿都有同样的赡养老人的义务。否则，不仅应受到道德的谴责，还应受到法律的制裁。

三、男女平等

婚姻家庭中的男女平等，是指夫妻双方在以经济上、政治上平等为基础的婚姻家庭生活方面的平等。它既表现夫妻权利上的平等，也表现夫妻义务上的平等。在这里，权利和义务是统一的。也就是说，夫妻双方在家庭生活上地位平等、人格独立；在抚育子女和教育子女上，权利和义务是平等的；在赡养父母的义务上，也是平等的。男女平等是社会主义核心价值观的重要组成部分，是家庭美德建设的先决因素和重要内容。只有男女平等，反对性别歧视，才能切实保障家庭所有成员的权利和利益。

（一）男女平等是家庭美德建设的基础条件

只有建立在平等前提条件下的夫妻关系，才可能是和谐的，婚姻和家庭才有幸福美满可言。婚姻家庭中的男女平等关系是随着家庭形式的发展而不断变化的。恩格斯在《家庭、私有制和国家的起源》一书中指出：家庭的产生、演化、发展，是随着社会的进化逐步由较低阶段向较高阶段发展，由较低的形式演进到较高的形式，一夫一妻制家庭的产生和最后胜利是文明时代开始的标志之一。

恩格斯认为：婚姻产生于私有制，它一直与人的财产关系密切相关。古代社会，男子是私有制社会的主体，女人从属于男人，是男人的财产，男女之间的关系是不平等的。所以，多数古代社会是一夫多妻制，婚姻通常是一种政治筹码。甚至今天，婚姻也会被富豪家庭用于结盟和理顺财产继承关系。因此，恩格斯说一夫一妻制是不以自然条件为基础，而以经济条件为基础，是私有制对原始公有制的胜利。

而家庭一开始就是一个经济结合体，女人是男人的从属物，是财产，因而，不存在婚姻的离异。可见，男女不平等的问题不是从来就有的，而是一定历史阶段的产物，它也必将随着私有制和阶级的逐渐消亡、等级制的社会结构的逐步消亡而消亡。

随着男女两性在经济社会中各自独立，尤其是女性经济的独立，女性不再从属于男性，消解了经济结合体是必需的家庭形式，现代婚姻家庭更多以男女间的爱情为基础，男女关系趋于平等。可见，夫妻之间独立、平等的家庭地位以及"爱"才是维持婚姻家庭存续的关键因素，婚姻中的男女平等是家庭美德建设的基础条件。

1. 性别关系是人类社会最为基础的社会关系

所谓社会关系，是指人们在生产和生活过程中形成的人与人之间的关系。而性别关系就是男女两性在生产和生活中形成的相互依存、相互制约、共同发展的关系，是社会关系在男女两性之间的直接反映。

人类社会的主体是人，而这个"主体"是由男女两性共同组成的。所以，在人类历史发展的长河中，男女两性（性别）关系始终交织在一起，并随着生产力的发展及社会财产的变化而不断变化。

（1）性别关系是人类社会最为久远的社会关系。原始社会由于生产力水平非常低下，劳动生产率极低，根本不可能有剩余的生产和生活资料归个人所有，人们共同劳动、共同享受劳动成果。所以，人与人，包括男人和女人的地位是平等的。生产资料归氏族成员公有，氏族和部落的每个男女成员都是平等的。人们共同遵守氏族习惯，参加公共劳动。氏族公社之后，男女有了简单的性别分工，男子以狩猎、捕鱼、防御猛兽等为主，妇女以采集果实、种子、发展农业生产和烤炙食物以及加工皮毛、缝制衣服、养老抚幼、看守住所等为己任。由于妇女的劳动是氏族成员的主要生活来源，妇女的活动是维系氏族集团的中心环节，因此，妇女拥有政治、社会和经济权力，成了氏族的组织者和领导者，社会地位也高于男子，出现了以母权制为特点的母系氏族社会。

随着农业、畜牧业和手工业的发展，尤其是以戈矛、套绳、弓箭等生产工具在畜牧经济中的应用，男子在这些生产部门中的地位逐渐上升。男女分工有了新的变化，男子从事社会生产，女子从事家务劳动。这无疑是一种社会进步，但这也意味着女性逐步被排斥在主要社会生产部门之外，她们的家务劳动也随之丧失了原有的、公共的、社会必要劳动的性质，这就促成并决定了由母系氏族制度向父系氏族制度的转变。

随着男性在生产劳动中作用的加强，他们的社会地位也不断提高，不仅主持社会公共事务，同时还承担起繁衍后代和养育子女的职责。不过，这时女性的社会地位仍然很重要，有能力与男子自由恋爱、结婚，这一时期仍然是男女平等的社会。

随着社会生产力的发展，财富逐渐转归各个家庭私有并且迅速增加，男女所处的地位也随之发生了变化。当一夫一妻制家庭成为个体经济单位，便从母系氏族公社中分裂出来，男女结合由"从妻居"逐渐变成"从夫居"，家长由女性变成男性，子女都生长在父亲的氏族中，并且天然地具有继承父亲财产的合法权利。家庭一步步演变为两性关系相对稳定的一夫一妻（多妾）制形式。

随着一夫一妻制家庭中父权和夫权的日益强化，女性则逐步沦为家庭的奴隶和生育的工具，从而丧失了对家庭、家族的统治权，父亲大家族的家长拥有支配全体家族成员的权力，使得家族内部日益失去了原有的民主、平等。母系氏族社会逐渐转变为父系氏族社会，"母权制的被推翻，乃是女性的具有世界历史意义的失败。"

生产力的发展和私有财产的产生，使经济上占统治地位的阶级产生。在漫长的阶级社会里，男性占有绝对的经济主导地位，"男耕女织"的社会分工和"男外女内"的角色定位，使女性长期处于受压迫、受奴役的地位。她们虽然承担着极其繁重的劳动，但由于她们的劳动仅仅局限在家庭的范围，得不到社会承认，使得她们丧失了独立的人格，成为男性的附属物，根本谈不上拥有与男性平等的社会地位。

到了资本主义社会，大工业的发展为女性参与社会劳动提供了便利条件。女性微薄的收入虽然还不足以提升其家庭地位和改变其社会地位，但明晰的个人收入成为其生活的主要来源，使她们的消费结构、消费心理、家庭地位、社会地位都发生着变化，展现了工业化进程中女性群体的新形象。女性参与社会劳动，是人力资源开发利用的重要措施，也为女性自立创造了有利条件。

妇女解放的第一个先决条件，就是让妇女重新回到公共的劳动中去。现代社会为女性参与社会和广泛就业提供了有利条件，女性就业比例有很大提高。但由于"男主女从、男外女内"等传统性别观念的根深蒂固，使得女性在家庭中的繁重任务并没有从根本上减少，女性仍是家务劳动的主要从事者。所以，进入劳动大军中的现代女性，常常需要承担家务和社会工作的双重负担，造成严重的角色冲突。

经典名句

妇女的解放，只有在妇女可以大量地、社会规模地参加生产，而家务劳动只占她们极少的工夫的时候，才有可能。而这只有依靠现代大工业才能办到，现代大工业不仅允许大量的妇女劳动，而且是真正要求这样的劳动，并且它还越来越要把私人的家务劳动融化在公共的事业中。

——恩格斯《家庭、私有制和国家的起源》

当然，随着科学技术的发展，各种自动化、数字化设备进入家庭，将大大减轻女性家务劳动的负担。尤其是第三产业的兴起与壮大，使女性有了充分发挥其聪明才智的机会，并在社会生活中逐步获得更多的权利和自由。而信息革命的浪潮，男女平等观念的倡导，又为女性带来了多元化的选择，将更有利于女性自主、健康地发展。

纵观人类历史的发展，我们可以看出：性别关系经历了一个漫长曲折的变化发展过程，是人类社会中最久远的一种社会关系。女性与男性一样享有作为"人"的一切权利义务，是任何先进性别观的内核。

（2）性别关系是人类社会最为普遍的社会关系。作为社会主体的"人"，都具有国家、民族、宗教、阶级、年龄、性别、文化等多重属性，即具有多样性和复杂性的特征。然而，无论哪种属性和身份的人，都是由男女两性构成的。也就是说，性别关系从未脱离过国家、民族、阶级、宗教、年龄、地域和文化等独立存在，它一直渗透并融合在社会生活的方方面面，并受此共同作用和影响，是人类社会最普遍的社会关系。

综上所述，性别关系在社会结构中是历史最为久远、影响最为普遍的一种社会关系，它渗透和体现在经济、社会生活的各个领域，对国家的经济建设和社会发展起着重要的作用。

2．男女平等是基本国策之一

联合国自成立以来，致力于争取男女平等、提高妇女地位、促进妇女融入人类可持续发展的进程，并为此制定了一系列法律、公约或宣言，其中最有影响的是《消除对妇女一切形式歧视公约》（1979）、《北京行动纲领》（1995）、《千年发展目标》（2000）、《变革我们的世界—2030年可持续发展议程》（2015）。

1995年，联合国第四次世界妇女大会在北京召开，江泽民同志在开幕式上代表我国政府向世界各国承诺："我们十分重视妇女的发展与进步，把男女平等作为促进我国社会发展的一项基本国策"，正式把"男女平等"确定为基本国策。2003年，胡锦涛同志在中国妇女第九次代表大会上，也要求全党全社会坚决贯彻男女平等基本国策。2005年修订《妇女权益保障法》条例，首次明确了男女平等基本国策的法律地位。2012年党的十八大第一次将男女平等基本国策正式写入了党的报告，完成了从"政府的承诺"到"立法的确认"再到"执政党意志"的全方位"认证"。

习近平总书记在党的十九大报告中明确提出："新时代我国社会主要矛盾是人民日益增长的美好生活需要和不平衡、不充分的发展之间的矛盾，必须坚持以人民为中心的发展思想，不断促进人的全面发展、全体人民共同富裕。"而要实现全体人民共建共享改革开放和发展的成果，就必须"坚持男女平等基本国策，保障妇女儿童合法权益"。

七十年来，在党和国家的高度重视和大力推进下，积极贯彻男女平等基本国策，基本形成了保障妇女权益、促进妇女发展的法律、法规体系和组织机构体系。如《妇女权益保障法》、《婚姻法》、《人口与计划生育法》、《计划生育技术服务管理条例》、《母婴保健法实施办法》、《中国妇女发展纲要》等。国务院妇女儿童工作委员会成员单位由 22 个增加到现在的 32 个（27 个政府部门、5 个非政府部门）；全国 31 个省、自治区、直辖市都建立了妇女儿童工作委员会及办公室；建立了各级各类妇女组织等。男女平等问题，一直受到党和国家的高度重视，但由于宣传力度不够以及在操作层面上缺少具体措施和要求，再加上人们对男女平等有误解，男女平等基本国策的有效落实，仍然是一项长远而艰巨的任务。

（1）男女平等不是抹杀两性的客观差异。男女平等就是"男女都一样"，这是人们对于男女平等的一个误解。造成这种误解的背景可以追溯到改革开放以前。那时候，"妇女能顶半边天"，"男同志能办到的事，女同志也能办得到"不仅是倡导男女平等的经典话语，也是千百万妇女争取平等的实际行动。她们为了证实"男女都一样"，不屈不挠地向女性性别特征挑战，试图在改变传统观念的同时，抹去男女两性生理上的差异。这一段历史给人们留下了深刻的印象，也由此造成了对男女平等的误解。

男女之间的生理差异是客观存在，不可能人为地抹去，也没有抹去的必要。正如千差万别的自然现象构成了五彩斑斓的大千世界一样，正是不同的人种、民族、性别、年龄、相貌、体质、性格上的差异，创造了人类本身。问题是，我们应该怎样认识两性间的一些差异。

首先，两性的生理差异是与生俱来的，没有两性差异，就没有人类。这种差异不是差距，而是互补、不可或缺的，差异本身没有优劣、高低、贵贱之分。

其次，某些所谓两性间的"先天差异"，有的并没有被科学研究所证实。如"男女两性的大脑构造不同"，"男性擅长逻辑思维，女性擅长形象思维"。即使是社会普遍认定的先天差异"女性的体力不如男性"，也并非天生如此，而是生理和文化长期互相作用的结果。我们可以想一想，几千年的社会文化要求女性"温柔"、"娇弱"，于是有了古时的"三寸金莲"，今日的"魔鬼身材"。在这样的价值标准下，怎样造就出体力很强的女性？男女都长"将军肚"，社会评价一样吗？

性别差异不是悲剧，因差异而造成的性别不平等才是悲剧。

倡导男女平等，不是抹杀男女间的客观差异，而是在正视差异的基础上强调两性间的平等权利。

（2）推进男女平等，不是将男性作为对立面。在男人中总能听到一种声音："不要再讲男女平等了，妇女翻身都翻过头了！"

为什么会有这种声音？是由于在原有的两性关系中，男性处于强势地位。当两性之间的关系随着社会变革发生变化时，许多男性准备不足，对"妇女解放"、"男女平等"产生了诸多的误解和抵触，而很少反省男性作为既得利益者，自己失去了什么。

性别规范渗透在我们生活的各方面。一个人从一出生，就开始接受其塑造和训练，每一个人都努力地去学习做一个"男人"或"女人"，慢慢地，性别规则一点一点地内化，成为一种"集体无意识"，以至于产生男人和女人"天生如此"的错觉。

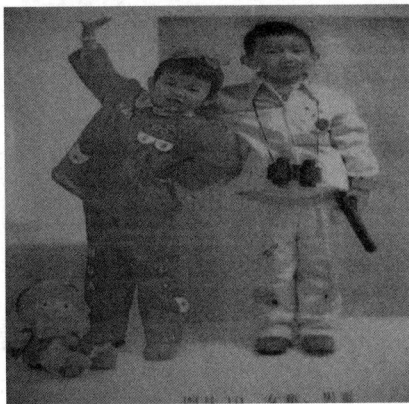

幼儿读物中男女孩插图

在人们的普遍意识里，男人是什么？男人是大山、是钢铁；要挑大梁、担重担；必须在事业上成功，要比女性做得优秀；必须理智、坚强，不能情绪化，不能软弱，更不能流泪。社会按照这个固定的模式去衡量和规范不同层次、不同个性的男人，却没有人关心这种模式是否适合于每一个男人，是否对所有的男人都有利。

从某种意义上说，性别规范也是一种权力，一种隐含的强制力。如果有人不遵守既定的性别规范，就会被斥"变态"、"另类"，就会遭到人们的嘲笑、歧视和打击，不能进入主流，婚姻也会遇到麻烦。如果哪个男人不够阳刚，就会被贬为"娘娘腔"，甚至会对他们的个人品质产生怀疑。

实际上，社会越是把这些僵化的男性特质视为理所当然，男性就越是无可避免地落入一种生存的限制中。这些传统的认定和期待让很多男性感到疲惫和压抑：第一，让男性承担了过多的人生压力——治国、齐家、平天下。第二，让男性没有选择自由——男儿不展风云志，空负天生八尺躯。第三，压抑个性，忽视健康——只有把身体和心灵上的痛苦掩盖起来的男人才能得到尊重。"男儿有泪不轻弹"，其实是对男人的伤害；第四，很难得到同情——有了委屈，甚至没有地方诉说。

倡导男女平等，其实可以使男性从僵化的性别模式中解放出来，不必用其一生之精力，去充当"拼命三郎"。妇女参与到社会各个领域，使男性有了多样化、个性化的选择自由。他们可以干自己喜爱的工作而不必强撑着养家活口；他们可以回家，参与到子女抚养和教育的活动中去；他们可以失败，可以表现软弱，可以随意表达感情，他们的身心健康也将随着性别规范压力的释放而得以改善。

社会协调发展的核心是建立在"双赢"或"共赢"的基础上。男女之间不是你输我赢、你死我活的关系，而是相互依存、共同发展的伙伴关系。妇女解放、男女平等，不是以男性为对立面，更不是要压倒男性，恰恰是在解放受压迫妇女的同时，也将男性从传统男权文化的禁锢中解放出来。可以说，妇女解放与男性解放是同一场革命！

经典诗歌

只要有一个女人

只要有一个女人觉得自己坚强，

因而讨厌柔弱的伪装，

定有一个男人意识到自己也有脆弱的地方，

因而不愿意再伪装坚强。

只要有一个女人讨厌再扮演幼稚无知的小姑娘，

定有一个男人想摆脱"无所不晓"的高期望。

只要有一个女人讨厌"情绪化女人"的定型，

定有一个男人可以自由的哭泣和表现柔情。

只要有一个女人觉得自己为儿女所累，

定有一个男人没有享受为人之父的全部滋味。

只要有一个女人得不到有意义的工作和平等的薪金，

定有一个男人不得不担起对另一个人的全部责任。

只要有一个女人想弄懂汽车的构造而得不到帮助，

定有一个男人想享受烹饪的乐趣却得不到满足。

只要有一个女人向自身的解放迈进一步，

定有一个男人发现自己也更接近自由之路。

——【美】南希·史密斯

那么，究竟怎样理解男女平等呢？

（3）男女平等的核心是权利和机会平等。1975年，第一次世界妇女代表大会通过的《墨西哥宣言》这样解释"男女平等"的内涵："男女平等，是指男女的尊严和价值的平等，以及男女权利、机会和责任的平等。"这个解释得到了与会各国代表的一致认同。概念中所提到的尊严、价值、权利、机会、责任的平等中，权利平等是一切平等的起点和基础。

权利，指公民依法在政治、经济、文化各方面所享有的权力和利益。我国早在1954年就将男女平等写入了《宪法》第四十八条第一款："中华人民共和国男女在政治的、经济的、文化的、社会的和家庭的生活等各方面享有平等的权利。"

权利平等是质的规定，人人生而平等，不以民族、地域、性别、阶层、年龄、受教育程度的不同而受到不同对待。

权利以"个体"为本位，而不是以"户"和"家庭"为本位。不能以家庭的利益掩盖或代替个人的权利——如以农户为单位承包土地的政策在事实上侵害了妇女的个人权利；再如"扶贫到户"的做法常常掩盖妇女个人的隐性贫困。

"人"是权利主体，个人可以根据自己的意愿主张权利或放弃权利。其他任何人、部门或集体以任何理由侵害、剥夺个人权利的行为都是违法的。如强制规定出嫁女迁走户口的做法，限制了妇女选择婚后居住地，属侵权行为。

在我国已经实现了法律上的男女平等，这为男女平等提供了最基本的保障。但由于社会、经济、文化种种因素的制约，还存在着事实上的不平等。要真正实现男女在现实生活中的平等，还必须努力推动。

马克思说："人的本质不是单个人所固有的抽象物，在其现实性上，它是一切社会关系的总和。"从根本上看，社会和谐源于社会关系的和谐，而两性关系是社会关系中最久远、最普遍、最基础的社会关系。只要两性发展存在着明显的差距，只要妇女发展仍然滞后于经济发展，就会导致社会发展的不和谐。关注性别关系，强化社会性别意识，就是要转变观念，消除性别歧视，按照以人为本和科学发展观的要求，调整和处理好两性在人类活动一切领域的公平关系。目前，在女性群体地位还处于弱势的情况下，更要关注女性的生存和发展，抓住重点领域和重点问题，采取切实有效措施，充分保障女性的合法权益，使我们的社会真正成为人文关怀、男女平等的和谐社会。

有人形象地比喻：男人、女人分别是人类这个巨人的两条腿，两条腿只有协调起来走路，才能使人类社会协调前进。在家庭里，夫妻关系和谐，家庭才会幸福美满；在社会上，男女关系和谐，社会才会有真正的民主与文明。

（二）新时代男女平等家庭美德的新要求

男女平等是我国妇女发展的重要目标，是衡量社会文明进步的重要尺度。男女平等，是实现人的自由全面发展的前提。只有在解放和发展生产力的基础上，坚持以人为本、统筹兼顾，妇女发展与经济发展同步、与男性发展同步，才能真正得以实现。夫妻平等原则，是男女平等原则在家庭关系中的集中体现，是社会主义夫妻关系的根本要求和主要特征。新时代，家庭美德建设该如何贯彻男女平等呢?

1. 男女两性人格独立、地位平等

男女平等,是中国婚姻家庭制度的基本原则之一。男女平等强调在家庭生活的各个方面,两性人格独立、地位平等,享有同等的权利,负有同等的义务。男女两性既是家庭权利的享有者,又同是家庭责任的承担者。

(1)两性人格独立。男女两性都是具有独立意识的主体,都有做人的尊严,都不容轻视。人格平等是一切平等的基础,也是男女平等的首要条件。拥有独立的人格和尊严,是实现家庭地位平等的前提。一个人格独立的人,才会注重个体的能动选择和主体发挥,才能够根据自己的意愿充分、自由地表现和发挥其主体性、创造力。人格独立是做为独立"人"的根本属性和基本权利。

强调夫妻的人格独立,是指夫妻双方都是家庭关系中的主体。双方应当互相尊重对方的人格独立,不得剥夺对方享有的权利。由于女性在家庭处于弱势,新时代应特别强调保护妇女、保护妻子在家庭中的人格独立;反对歧视妇女,反对以打骂等方式虐待妇女,并重点保护妇女在家庭中的各项权益。

(2)两性地位平等。地位平等是男女平等这一家庭美德在夫妻关系中的具体体现和必然要求。它包括:夫妻双方家庭中法律地位平等、权利义务平等、人身财产权利均平等。家庭地位是一个复杂的相对概念,作为婚姻双方中的女性一方,其家庭地位是相对于家庭内的其他成员特别是其丈夫而言的。这种相对性主要表现在两个方面：第一，对家庭资源的拥有和控制程度；第二，自主权和对家庭重大事务决策的发言权，当然也包括家庭中的威望和权威。

在古代父权制家庭里，男性家长是生产资料的所有者，又是生产资料和生活资料的提供者，其家属是没有独立的、完整的个人权利和行为能力的。即使在对女性相对宽松的时代，女性也没有独立的经济地位和权利，家庭的土地和财产完全由男性支配，女性完全依附于男性。正是由于传统性别文化和婚姻家庭制度的影响，女性在家庭中处于依附地位。即使现代家庭，女性也很少有自己独立的财产，很少享有和男子同等的处置家庭财产的权利。

妇女地位是衡量一个国家文明程度和现代化进程的重要标志。倡导男女平等，首先要尊重女性的人权，尊重女性独立思考和自我决策的权利，保障女性与男性一样，享有平等地参与家庭生活的各个方面（如生产、生活、生育和休闲娱乐）的权利，同样享有平等分享家庭经济成果的权利。实现由法律到现实意义上的平等，既要依赖于整个社会构建有利于性别平等、公正、和谐生存与发展变化的先进性别文化，建立有社会性别视角的国家机制，促进全社会善于从性别的角度观察社会现实，认识两性的社会角色、劳动分工和发展差异，并从行动上积极促进两性的协调发展，尤其是妇女经济和社会地位的实际提高，还要依赖于男性的积极参与。

家庭是两性共同组成的，男性也是家庭美德建设的重要主体。

新时代要求男性主动抛开"男主女从"的男权思想，对妻子给予更多的尊重和理解，相互支持、共同发展。当然，要实现男女平等，女性也要自觉摆脱传统女性角色的束缚，自我确立生活目标，选择生活道路，努力提升自主决策的能力，做到"自尊、自爱、自信、自立、自强"。

2. 享有同等学习、工作、发展、继承的权利

男女平等强调在家庭生活的各个方面，男女两性人格独立、地位平等，享有同等的权利，负有同等的义务。享有同等的权利包括：夫妻双方享有同等的学习、工作、发展和继承的权利。

（1）同等的学习权利。建构主义者认为，学习是个体主动建构知识的过程，是个体旧有知识结构在与新知识结构碰撞过程中，不断同化和顺化的结果。学习是人类认识自然和社会、不断完善和发展自我的必由之路。作为一种获取知识、交流情感的方式，学习已经成为人们日常生活中不可缺少的一项重要内容。党的十六大报告强调，要"形成全民学习、终身学习的学习型社会，促进人的全面发展"。无论一个人、一个团体，还是一个民族、一个社会，只有不断学习，才能获得新知，增长才干，与时俱进。

学习是每个人的权利，也将成为个体的一种生存方式。古人云：吾生而有涯，而知也无涯。人们要适应飞速发展变化的客观世界，就必须把学习从单纯的求知变为生活的方式，努力做到活到老、学到老。

（2）同等的工作权利。工作，即参与社会劳动，是一个人在社会中所扮演的角色。它既是我们谋生的手段，也是个体参与社会的一种途径，更是个人实现自我价值和幸福感的来源之一。人们通过参加工作发挥自己的才能，获得满足感和成就感，使心情愉悦，生活更加美好。因此，拥有一份适合自己价值观和兴趣的工作，是我们每个人的理想和追求。夫妻任何一方都无权限制或剥夺另一方工作的权利，更不能牺牲一方的权利、利益来保证和满足另一方的利益。平等参与社会劳动是男女两性共同的利益和需求。

就业指标既反映了权利和起点的平等，也反映了机会和结果的平等。女性就业状况体现了妇女平等参与经济和社会发展，获得相应社会经济地位的程度。市场经济条件下，女性虽然有了自由选择职业的权利，但男性仍掌握着主要的社会资源。"男性偏好"成为职场人员聘用和升迁的强有力影响因素，这使得职场的各个环节都带上了性别歧视的底色。此外，生育也是女性在就业过程中竞争力削弱的部分原因。因此，虽然妇女整体就业率不断增加，但现实中女性在就业、升迁等方面的风险却大于男性。就业结构中妇女边缘化和低层次结构明显居多，经济收入差距大，导致女性贫困化现象逐步加重。

（3）同等的发展权利。以"人"为本是社会发展的目标。这个"人"是不分民族、等级、阶层、性别的每一个人，发展是每个社会成员应有的权利。这既是社会发展的内在要求，也是社会发展的结果和体现。每个家庭成员可以通过不断的学习（教育培训）提升个人素质；通过参加社会工作，发展个人能力，按照自己的天赋、特长、爱好，自由选择活动领域，自由选择生活空间，自由选择发展方向，从而实现马克思主义所提倡的"人的自由而全面发展"这一最高境界。

男女平等的核心内涵就是男女的权利和机会平等。夫妻双方理应享有同等学习、工作、发展和继承的权利。但由于中国传统以"父权"为基础的"男强女弱"和"男外女内"为格局的性别关系，仍然深深地根植于人们的日常生活中，造成男女两性发展机会的不平等。比如夫妻两人在学习（培训）、工作等机会与家庭责任出现冲突时，很多家庭在毫无意识的情况下，选择"二保一"，即女保男。牺牲妻子学习、工作和发展的机会和权利，来保障丈夫安心学习、愉快工作、晋升发展。这样的取舍完全符合中国古代女性"三从"、"主内"身份的认同，展现的依然是"贤妻良母"、"相夫教子"好女人的理想形象。女性"在奉献中拥有，在牺牲中获得，在无我中寻找自我"的发展模式，已成为绝大多数女性的自觉行为和社会共识及评价标准。

女人不要读太多书
女人要操持家务，不要在外面闯荡
女人应该漂亮、温柔、贤惠
女人就适合当配角
就是这样……女人越变越弱小

男人当顶天立地，当家做主
男人应该勇敢、坚强，不要儿女情长
男人要有出息
男人要多读书
就是这样……男人越变越强大了

正是由于女性学习（教育培训）、参与社会工作的机会少，导致其整体素质和自身能力等比男性低，社会资源也少于男性，自然造成其发展机会也远不如男性，而这样的现实更强化了"男外女内"、"男主女从"、"男强女弱"的家庭格局。因此，新时代需要社会给女性提供更好的发展环境和更多的发展机遇，用制度保障女性的平等权利，女性自己也要主动超越历史发展的束缚，积极争取更多的社会资源和机遇，不断向前推进社会性别的公平和公正，才能促进并实现个体的自由全面发展。

男女平等基本国策的贯彻，既需要政府的重视和社会的关注，更离不开每一个家庭成员的共同努力。所以，要把平等意识、发展意识纳入家庭发展计划。无论男女，都要学会用平等的视角来看待对方、去衡量家庭中其他的人。新时代倡导夫妻为家庭谋幸福、为社会做贡献的过程中，共同提高精神境界、培育文明风尚，实现真正的男女平等，促进社会和谐进步。

（4）同等的继承权利。自古以来，男子继承家族身份和财产，天经地义。因此，在中国传统家庭中，"孩子从夫姓、结婚从夫居、财产子继承"等顺理成章，而女子的继承权则基本被剥夺。

男女继承权平等是男女平等原则的题中之义。《中华人民共和国继承法》第九条明确规定：继承权男女平等。这一规定是当代法律文化对女子继承权利的肯定。《婚姻法》第二十四条也规定"夫妻有互相继承遗产的权利"、"父母和子女有相互继承遗产的权利"，这些规定都是在《宪法》原则的基础上，对女子继承权利的进一步保护。此外其他《民法》、《妇女权益保障法》也都对妇女的权利进行了强调。以上的法律规定都围绕着一个核心内容"继承权男女平等"，追求妇女权利与男子平等。

其实，在我国《继承法》的体系建构中，还专门就女子的继承权给予了进一步的明确，其中包括对离异夫妇和丧夫女子财产权利的保护。《继承法》第三十条规定："夫妻一方死亡后另一方再婚的，有权处分所继承的财产，任何人不得干涉"等。这些法律条文表明：女子享有平等继承的权利，在继承制度中的顺序和范围与男子有相等的地位。

但在现实生活中，女子继承的权利保障总是事与愿违。"女子没有继承权"，"嫁出去的女儿泼出去的水"这些传统观念还一直存在于大多数人的脑海里，尤其是农村地区普遍认为女儿没有继承权。之所以出现与法律精神相违背的事实纠纷，依然与传统"父权"文化对女性的歧视以及剥夺女性的合法权益有关。为此，必须通过多种形式的社会宣传教育，将性别平等思想深入人心，让家庭认识到"女儿也是传后人"。同时女性也要自觉学习、普及法律条文，强化女性继承权的主体意识，发挥现有法律的最大保障能力，维护妇女的合法权益。

《纲要》链接

坚持发挥社会主义法治的促进和保障作用，以法治承载道德理念、鲜明道德导向、弘扬美德义行，把社会主义道德要求体现到立法、执法、司法、守法之中，以法治的力量引导人们向上向善。

现行的法律规定，按照男女平等的原则，无论儿子还是女儿，无论已婚、未婚，在继承父母遗产时，都享有平等的继承权利。2014年，北京平谷法院审结一起涉及女子出嫁后是否丧失继承权的继承纠纷案件，依法判决三被告（王老汉的三个儿子）各给付原告（王老汉的女儿）人民币1万元。

王老汉有一女三子，老伴儿早年病逝。2004年10月1日，王老汉因交通事故不幸去世，获得赔偿丧葬费1.2万元、精神抚慰金10万元，另有房院一处。三个儿子将房院以2万元的价格卖掉，所得款项由三人均分了。除1.2万元丧葬费已开支外，三个儿子将10万元精神抚慰金也均分了，没有给付王老汉的女儿。故王老汉的女儿诉至法院，要求继承上述财产的1/4。

三个儿子则辩称：女儿已经出嫁，且离父母家较远，没有对父母尽赡养义务，所以不同意均分遗产。法院经审理认为，原、被告均系王老汉的子女，均为第一顺序继承人，对王老汉的遗产有同等的继承权。因王老汉去世的精神抚慰金，是对其生前亲属的精神抚慰，原、被告应平等享有。三被告将此款均分，违反法律规定，应给付原告应享有的份额。三被告变卖了王老汉的遗产，

道德案例

2008年，石河子法院曾审结一例"丈夫车祸身亡，妻儿却无缘获赔"的案件。输了官司的妻子，面对法院的这一判决，欲哭无泪：悔不该与丈夫"结婚"12年，却没有领取婚书一张。只有合法的婚姻关系才是自己权益得到有效保障的前提。

侵害了原告的合法权益，所得款项应由原、被告平等继承。因此，法院依法作出上述判决。

3. 负有同等的义务

男女平等强调在家庭生活的各个方面，男女两性人格独立、地位平等，既享有同等的权利，也负有同等的义务。负有同等的义务具体表现为男女共同承担家务劳动、抚养子女以及照顾双方老人。

（1）共同承担家务劳动。"家是最小国，国是千万家"，习近平总书记多次强调家庭和谐对促进国家发展、民族进步、社会和谐的重要性，从国家治理的高度强调家庭建设的极端重要性，倡导男女两性共同承担家庭责任。

俗话说"家务活儿不见功，只见给老婆儿累得哼"。这句话至少传达了三个信息：第一，家务活儿繁重、劳累；第二，家务儿活琐碎、被人看不起；第三，家务活儿通常由女性来承担。在男权社会看来，料理家务和照顾子女乃是女性的天职，不少男性不能或不愿很好地分担家务和教育子女，使女性不堪重负，成为诱发夫妻冲突的导火索。

任何劳动都不应该被轻视，如果我们能够放弃性别偏见和家庭角色的刻板印象，对家务劳动的根本性、长期性予以认可并积极分担，像专注事业一样去专注、思考我们日常生活的劳动和生活细节，可能会有意想不到的收获，甚至还可以成为陶冶情操的有效途径。在一个没有性别化家务的社会环境中，做家务可以成为我们减压的方式，可以成为我们表达爱的方式，对男女双方都是一样的。家庭是夫妻双方共同组建的，双方都有责任和义务承担家务劳动。

为了提升家务劳动的社会价值，保护对家庭做出较多贡献一方的合法权益，2001年我国修改了《中华人民共和国婚姻法》，新增设了家务劳动补偿请求制度的内容，肯定了家事劳动的社会经济价值。这一制度主要是指夫妻离婚时，一方在婚姻关系存续期间对家庭付出较多义务的，另一方应给予财产或物质补偿的制度。

法律链接

"夫妻书面约定婚姻关系存续期间所得的财产归各自所有，一方因抚育子女、照料老人、协助另一方工作等付出较多义务的，离婚时有权向另一方请求补偿，另一方应当予以补偿"。

——《中华人民共和国婚姻法》第四十条

基于婚姻而产生的家庭，不仅是一个社会组织，也是个经济组织，具有实现人口再生产、教育子女、赡养老人和组织经济生活的社会职能。要履行这一职责，需要家庭成员投入大量的时间、精力，从事大量而繁重的家务劳动。家事劳动是社会劳动的一个非常重要的组成部分，占社会劳动相当大的比重，理应得到和社会职业劳动同样的认可和评价。

对家务劳动予以经济评价，已是国际社会的主流认识。1975年国际妇女年联合国会议指出："家事对家庭生活而言，非常必要。但一般仅承认其具有极少经济的、社会的价值。所有的社会若希望达成维持家庭、教育子女之基本任务，则对于这些家事劳动，应给予高度评价。"对家事劳动的经济评价实质上是承认夫妻一方（主要指妻子）家事劳动与夫妻另一方的社会职业劳动具有同样社会经济价值和同等地位，贯彻了男女平等原则，也使家事劳动在夫妻财产制中有它的一席之地。

我国从婚姻立法的角度对家务劳动的经济价值、社会价值予以肯定，与国际社会接轨，是我国社会发展、法律进步的表现，对我国家庭和谐、社会发展进步具有积极的意义。

（2）共同抚养和教育子女。随着社会转型，核心家庭逐渐替代主干家庭，独生子女的增多和社会竞争的激烈，家庭对子女的期望值增高。古人说"养不教，父之过"，充分说明父亲在家庭教育中是第一责任人。然而现实中，大多数家庭几乎看不到父亲的踪影，父亲在家庭教育中普遍缺失，教养子女的负担基本落在母亲身上，抚养教育子女成了妈妈的事。

这种现象，不只是对母亲不公，仅就孩子的成长而言，也是很不科学的。家庭是人生的第一个课堂，父母是孩子的第一任老师。家庭教育是一切教育的基础，是道德养成的起点，是落实立德树人根本任务的重要环节，对培养德智体美劳全面发展的社会主义建设者和接班人起着基础性、支撑性的作用。父亲参与家庭教育是自己的义务，是孩子的权利。

经典名句

无情未必真豪杰，怜子如何不丈夫。

——鲁迅

有专家研究指出：从出生到入学前是孩子在心智、情绪及适应周边环境能力等方面最重要的发展阶段，而父亲扮演着无可替代的独特作用。

第一，有助于性别角色的认同。模仿是儿童性别角色认同的基本途径。研究表明，如果男孩在 4 岁前失去父亲，会使他们缺乏攻击性。在性别角色中倾向喜欢安静的表现，如看书、看电视、听故事、猜谜语等。在我国托幼机构和小学中，教师队伍几乎是清一色的"女性"，在这样的环境中缺乏男孩模仿的男性对象，无法了解男性行为与处事方式。如果男孩在家庭中再得不到父亲足够的指导与关爱，很可能造成男性特质的缺失。而女孩 5 岁前失去父亲，难以了解男性如何生活及其与女性的区别。到了青春期面对异性时，常常会表现出焦虑、羞怯、无所适从。父亲参与家庭教育，可以帮助孩子全面了解男女两性不同的性别角色和特征，从而确立并认同自己的性别角色。

第二，有助于勇敢、坚强等个性品质的形成。不同的教养方式对孩子个性品质的形成具有不同的影响。在孩子的教养方式上，父母双方往往不同。父亲可能更多地通过身体运动与宝宝玩耍，会把孩子高高地抛起，让孩子骑在肩上，带孩子爬攀登架等，喜欢做一些较剧烈的、冒险性的活动。而孩子会表现得更兴奋、更积极、更投入。这将有利于勇敢、坚强、敢于探索和冒险、独立、自信等个性品质的形成，也使孩子变得强壮、有活力。

第三，扩大认知和交往领域。父亲带孩子更倾向于"外出"到较开放的环境，多从事力量型的活动，这样锻炼了孩子对外界陌生环境的适应能力和胆量，也容易与他人友好相处。同时，便于孩子广泛地认识自然、社会，并通过操作和探索变换多样的活动，培养其动手操作能力、探索精神。这对于孩子的认知技能、成就动机和自信心都有很好的帮助。

综上所述，父亲对儿童的成长具有独特的影响力。然而，在现实生活中，多数父亲却常常未能意识到自身的家庭教育责任，对儿童的教育影响甚微。除了受传统不平等的性别观念影响外，还与年轻一代的父亲自己还在贪玩期，缺乏为家庭和孩子牺牲的责任和担当。这也是中国孩子和父亲的关系比较疏远，父亲在孩子心目中地位低的重要原因。

父亲回归家庭事务，是世界"父职"的新变化与发展趋势。在美国和欧洲，"全职爸爸"已经相当普遍。因此，中国更多的的父亲和男性，应深刻反思自己的教育观念和教育行为，认识到自身对儿童成长的独特影响力，更好地顺应世界"父职"教育的趋势。不但要分担家务与照顾孩子，也要表现出温和亲切的一面，关怀孩子，与孩子游戏，与孩子沟通，倾听孩子的心事，真正参与到家庭教育中，创造一个性别平等的家庭教育环境。这不仅是一种态度，更要成为一种行为；这不仅是男女平的原则要求，也是新时代男性自身发展的需要。

（3）共同照顾双方老人。平等对待双方老人是男女平等家庭美德的具体要求。有人说：爱情是自己的，婚姻是大家的。结婚不是俩人的事，是一群人与另一群人的事，或许这就是中国特色的婚姻，尤其农村最为典型。

　　在尊老爱幼的章节里，我们已经了解到现今农村老年人存在着严重的赡养危机。在社会保障尚不能覆盖到每一位村民之前，农村主要依靠家庭养老，在父系结构下，主要的方式是"养儿防老"。其传统模式是老人将一生的积蓄和房产转移给儿子，以换取年老失去劳动能力的时候，儿子、媳妇儿的供养和照顾。没有经济自主权的老人，变成了完全的被供养者，老人晚年的生活境遇完全取决于儿子、媳妇儿的孝心和耐心，非常被动。

　　在农村给村民培训时，我们曾经问过这样一个问题："在座的媳妇儿们，对你们来说，是婆家重要还是娘家重要？"男村民先回答"都重要"。妇女们却说"肯定是婆家重要。比如娘家娘和婆婆都病了，肯定得先伺候婆婆。如果婆家娘家都有事儿，你得先把婆家的事儿办妥了，再去管娘家"。由此足见，目前农村家庭养老的主要承担者是媳妇儿。

　　然而，尖锐的婆媳矛盾已经极大地影响着农村老人晚年的生活质量。对此，村民们都评价说是媳妇儿素质差。那么，真的是媳妇儿素质差吗？在"从夫居"的婚居制度下，对媳妇儿来说，照顾公婆是义务，对娘家只能略尽孝心，聊表心意。因此，当娘家人同样需要照顾的时候，媳妇儿就会对婆家人（尤其是婆婆）心生怨气，婆媳冲突自然难以避免。其实，这个道理很简单，因为娘家父母对她有养育之恩，只是因为结了婚就要把婆婆当成自己的亲娘，反而要把自己的亲娘当成"外人"。将心比心，这对她公平吗？

　　养老除了物质上的供给之外，更重要的是情感上的交流。一般情况下，女儿在情感上与父母较为亲近。可是，在父系制度下儿子养老是正道，女儿养老则名不正言不顺，即使父母想与女儿生活在一起，也会因为女儿是婆家的人，而有诸多不便。

因此，当我们问村民："现实生活中，女儿有没有继承权？"时，妇女们的回答是："没有"。男人们则说："有。不是不给，是给她了，她也不要！"妇女们争辩："谁敢要？如果要了，村里人该说闲话了。再说给闺女了，儿子也不愿意。"可见，在传统观念中，女儿是没有继承家产权利的，而现实生活中却承担着赡养老人的义务，这也是不公平的。所以，家庭也要倡导子女赡养老人的义务和继承财产的权利对等。

虽然我国《婚姻法》早已规定男女婚后有自由选择居住地的权利，但是强大的习俗以及以此为基础的村庄集体资源分配制度，阻碍了这项权利的实现，女儿外嫁、"从夫居"成为唯一的选择。因此，在家庭养老仍是主要养老模式的社会条件下，要打破农村养老问题的瓶颈，只有通过促进"养儿防老"的唯一模式向多样化养老模式的转变来实现，其关键途径，就是让女儿养老成为可能。而女儿养老成为可能，就要从改变传统婚居模式开始。改变

《纲要》链接

坚持德法兼治，以道德滋养法治精神，以法治体现道德理念，推动社会主义核心价值观融入法治建设，将社会主义核心价值观要求全面体现到中国特色社会主义法律体系，体现到法律法规立改废释、公共政策制定修订、社会治理改进完善之中，为弘扬主流价值提供良好的社会环境和制度保障。

婚居模式，关键之处在于村庄规则要承认新的婚居模式，对"女到男家"和"男到女家"一视同仁，女儿养老才有可能。

所以，我们提倡平等对待双方老人，实际上是提倡夫妻平等。丈夫想让妻子对自己的父母好，你得对她父母也好，这样才有利于减少婆媳矛盾，提高老人晚年的生活质量。

（三）男女平等的道德实践

男女平等不仅是道德规范，而应通过道德实践，转化为社会的现实。

1. 摒弃"重男轻女"思想

"重男轻女"的观念早已渗透、融化在社会生活、习俗的各个方面，影响着人们的生活、行为、心理、是非善恶观念，积淀在社会文化、心理结构之中。直到今天，农村"重男轻女"的思想还十分严重，最典型的表现就是在生男孩儿上的从众和攀比。河南登封市东张庄村村民的顺口溜就很有代表性："奶奶前襟包孙子，他是俺家接代人；奶奶围裙抱孙女，烧火做饭要嫁人；生儿胎盘埋在院中间，顶天立地男子汉；生女胎盘埋在厕所边，闺女早晚嫁外边；生儿眉开眼笑，'带把儿的'小爷儿们；生女儿一声叹气，'丫头片子'死妮子；生男满月大摆酒席，扬眉吐气；生女请客吃顿面条，一门亲戚；生男孩儿写进家谱，有名有姓；生女孩儿，一笔带过×氏之女；男孩儿夭亡埋在祖坟旁，死了也是传后人；女孩儿夭亡埋在大路边，永远不能进祖坟。"在某种意义上说，生育并不完全是个人的选择，而具有一定的外部性，村落文化越是"偏好"男孩儿，村民的生产意愿就越强烈。对此计生干部也很无奈："惨淡经营年复年，综治奖附加宣传。考评服务招（儿）用尽，百姓还是想生男！"

"养儿防老"是村民们一定要生男孩儿的重要理由。但现实中却发现了一个奇怪现象，一方面村民对"养儿防老"的赞同率非常高（96%），另一方面却又对"养儿防老"现状的评价非常低。"儿子不孝，不如不要，多儿多气多负担；生男孩儿是面子好，生女孩儿是命好。"尽管人们这样评价儿子，可为什么还要有强烈的"男孩偏好"呢？

除了"重男轻女"传统观念的影响外，男女不平等的社会资源分配制度是最关键的因素。因为生了男孩就能分得宅基地，口粮田、责任田都有保障，就能继承家庭财产，然后是入学、就业、晋升都能比女性顺利。面对这种实际情况，怎能去责备那些想生男孩儿的人们"观念落后"呢？

在农村，男娶女嫁，"从夫居"是唯一的婚姻模式。村庄也是按父传子、子传孙的规则来分配土地和宅基地。预先设定"儿子一定是留在村里的人，女儿一定是要出嫁离村的人"，于是，一个家庭不管有几个儿子，村里都理所当然的分给责任田、宅基地和集体分红。而出嫁女留在娘家村，就被视为不正常；离婚的妇女回来也不能重新获得村民待遇。在父系的分配规则下，没有儿子的家庭就会成为绝户，招上门女婿只是处于困境的女儿户的自救策略。这种大环境下招女婿被看作不大光彩的事情，即使能在物质分配上得到了平等的村民待遇，但仍不会与本村男人（儿子）一样受到同等的尊重。因此说，父系分配规则是造成农村"重男轻女"的最重要的原因。

男孩儿偏好—重男轻女—从夫居—父系继承，不仅是千百年来传宗接代思想的遗留，更是现行"从夫居"的婚居制度、"父系继承"制度以及以"男性为中心"的集体资源分配制度的结果，对我们现在和未来产生了和正在继续产生严重的不利影响。例如：出生时的性别选择，直接剥夺了女婴的生存权；男孩偏好，造成了出生性别比严重失衡；重男轻女，剥夺了女孩的受教育权和健康成长的权利；村规民约中一些歧视性的规定，侵犯女性和某些男性的合法权益纠纷不断；"从夫居"，一方面造成老人面临着养老困境，另一方面女儿养老困难重重。

这些问题不仅直接影响到个人和家庭的日常生活，更影响到社会的稳定和国家的长治久安，不仅影响今天的人们安居乐业，更是祸及后代子孙。"重男轻女"的传统性别规范及以"男性为中心"的资源分配制度，既压抑、禁锢和伤害了女性，也不曾保护男性。只有打破传统性别规范，改变以"男性为中心"的资源分配，才能真正实现男女平等。

2. 合理分担家庭事务

劳动，通常被经济学家划分为有偿劳动和无偿劳动两大类。凡是人们从事社会劳动，并取得报酬或经营收入的这种经济活动，属于经济学意义上的有偿劳动。而无收入的家务属于无偿劳动，自古便是如此。中国是农耕社会，性别分工是"男耕女织"。中国史志的重要读本——县志上记载着男丁甚至耕牛的数量，却没有关于妇女劳动的记载：多少女人在纺织？纺了多少纱？织了多少布？即使社会发展到了今天，生育及照顾孩子、准备食品、料理家务、照顾家人等仍然是没有报酬的。联合国《1995年人类发展报告》指出：在几乎每一个国家，妇女的劳动时间都比男人要长，但男性的有酬劳动占他所有工作的3/4，妇女的有酬劳动只占1/3。

"收入高，权力大"，似乎是世界普遍存在的自然法则。妇女的劳动不计报酬，不得不在经济上依附男性。经济上的劣势，必然导致她们家庭地位和社会地位的低下。因此，妇女一直处在"整日地劳动着，却靠男人养活"的奇怪境地。

2001年，我国的一项调查表明，85%以上的家庭做饭、洗衣、打扫卫生等家务劳动仍然主要由妻子承担。女性家务劳动的时间是男性家务劳动时间的近两倍，而女性自由支配的时间仅是男性自由支配时间的3/4左右，特别是学习时间只是男性学习时间的1/2；2011年中国第三次妇女地位调查的数据也印证了这个结果。2016年的中国家庭追踪调查（CFPS）数据依然显示：中国女性做家务的时间远超过男性，平均每天做家务的时间是男性的2倍。也许你会说，这有什么，不就多做一个半小时的家务吗？一天一个半小时当然可能不算什么，那么一个月呢？一年呢？一年要多做550个小时的家务，相当于每天工作八个小时、持续工作69天。

家务劳动已经被性别化了，这就给妇女带来了严重的角色冲突。一方面，作为职业女性，她们要按照市场公平竞争的原则与男性一争高下；另一方面，作为妻子和母亲，她们又不得不扮演好家庭角色，将大量的时间和精力花费在家务劳动上。职业女性承受着事业与家庭双重角色的冲突与压力，在家庭和事业的夹击中艰难地生活。为家庭付出多了，会影响她们的业务提高和工作效率；事业成功了，又抱怨她不是好妻子好母亲。保持家庭和工作间的平衡是女性无奈的选择，往往造成女性身心俱疲，影响了女性的自我认知与职业发展。

由于社会并没有给女性更多选择的空间，女性走上社会以后，像男性一样承担着职业的要求与压力，而繁重的劳动造成女性没有足够的时间来满足对休息和闲暇的基本需要，更容易陷入"时间贫困"。除了"时间贫困"问题外，家务劳动责任还减少了女性的就业机会、就业年限和收入。比如在养育孩子时，女性劳动者更容易造成个人事业的中断。不少女性为了兼顾就业和育儿，不得不采取中断就业、灵活就业等措施来应对，但在收入水平、劳动保障和个人事业发展等方面，都处于不利地位。如果代际支持跟不上，事业和家庭之间的冲突，迫使不少女性放弃生育二胎。

家务劳动无偿化还会影响到女性晚年的养老福利，双重负担及更高的工作量，也会影响女性的心理健康。根据统计，年龄超过 60 岁的女性所获得的养老金收入约为男性的一半。对于农村的中年祖父母们来说，照料孙子女还会减少 20% 参加非农就业的机会，年收入减少约 1760 元。所以，中国女性无论是在做妈妈还是做奶奶、姥姥时，都面临更多的挑战，承担家务劳动"退而不休"。

由于受"家务是女性的天职"等传统观念的影响，中国男性对家务劳动的态度并不积极，平时也很少承担家务。有学者指出：如果社会再对这种代价熟视无睹，认为家务劳动就是女性的责任，那么，会有越来越多的中国女性选择不婚不育。这将直接影响国家人口结构及此引发的一系列发展问题。是时候改变"家务是女性的天职"的传统观念，让全社会充分认识到家务劳动的价值了。

"柴米油盐酱醋茶，一点一滴都是幸福在发芽""关爱妻子，请从尊重家务劳动开始，从男性合理分担家务劳动开始。"通过教育宣传，鼓励男性参与家庭照料工作；改变社会对家务劳动的性别偏见，促进更加公平的家庭劳动分工；减少性别不平等，提高生活福利。

丈夫应积极尝试改变对"家务劳动"的传统看法和刻板印象，走进厨房、拿起吸尘器，为家人烹饪一顿美食，创造一个舒适的居住环境，以减少工作压力，获得更多的满足感。营造温馨甜蜜的家庭，要学会合理安排家务：

（1）把家务劳动分散在平时的一日生活中。比如，平时换下的衣服要当天抽空清洗，不要攒在一块等休息日清洗。这样既保持了室内时时清洁，还让家务劳动不至于成为休息日的沉重负担。平日可以轮换整理房间，比如，今天清理客厅，明天打扫书房，后天整理卧室，每天抽出一点时间，天天都这样做，既清洁了环境也不会觉得累。

（2）夫妻俩谁先回家谁就做饭，谁方便谁就做。夫妻要互相体谅，谁得空谁就做。把做饭当成"爱"的体现。一些男性以不会做为理由，即使先到家，也是坐在家里休息，等妻子回来再做饭。这根本不是理由，社会上大饭店的厨师男性居多，说明男人不会做饭的理由是不能成立的。

（3）在轻松快乐中做家务。做家务的时候，不妨放上一曲轻音乐或者歌曲，自己一边做家务，一边随着音乐轻轻哼唱，你会觉得身心愉快，还感觉时间过得格外快。看着自己每天把家里整理得井井有条，你会很有成就感。

（4）把做家务当成是锻炼身体。生命在于运动，做家务的时候就当作是锻炼身体就可以了，那样你就不会觉得是负担了。做家务既锻炼了身体，还给家庭带来了清洁，两全其美。

一个民主、健康、幸福的家庭，经济责任与劳动责任应由夫妻共同承担。双方拥有相对平等的权利和义务，学会"换位思考"，遇到矛盾或冲突时就容易化解，婚姻关系因此更加稳固。

3. 反对家庭暴力

反对并制止家庭暴力，是家庭美德建设中必须要重视的内容。对妇女施暴是一个全球性的问题。在我国，由于受不平等性别观念的影响，妇女遭受家庭暴力的案件不断发生，并引发了一系列的社会问题。贯彻男女平等，必须反对并制止家庭暴力，对家庭暴力"零容忍"。

（1）什么是家庭暴力。家庭暴力是指发生在家庭成员中的一方对另一方的暴力行为。通常包括夫妻间的暴力、对儿童和青少年的暴力、对老人的暴力。其中妇女一直是家庭暴力的主要受害者。

2005 年全国妇联调查显示：全国 2.7 亿家庭中有 30% 存在家庭暴力，施暴者九成是男性；家庭暴力的受害者主要是妇女、儿童和老人，而其中又以妇女的受害程度最为严重。夫妻间的家庭暴力受害者 85% 以上是女性；每年约有 10 万个家庭因此而解体。

2011 年第三期中国妇女社会地位调查报告数据也显示：在整个婚姻生活中曾遭受过配偶侮辱谩骂、殴打、限制人身自由、经济控制、强迫性生活等不同形式家庭暴力的女性占 24.7%。其中，明确表示遭受过配偶殴打的比例为 5.5%，农村和城镇分别为 7.8% 和 3.1%。

2016 年 11 月，全国妇联的调查显示：2.7 亿个家庭中，有 30% 的已婚妇女曾遭受家暴。平均每 7.4 秒就会有一位妇女受到丈夫的殴打。家暴致死占妇女他杀原因的 40% 以上。我国每年有 15.7 万妇女自杀，而其中 60% 的动因是家庭暴力。

（2）家庭暴力的三种表现形式。身体暴力：指对家庭成员身体上的伤害，如推搡、打耳光、拳打脚踢、使用凶器伤害对方身体等。

精神暴力：指以辱骂、威胁、贬低、冷漠对待、经济控制等手段，造成对方的心理压力和恐惧。

性暴力：指以暴力胁迫对方发生性关系，以及对其他家庭成员的强奸、乱伦和性骚扰行为。

（3）家庭暴力的特点。家庭暴力发生在家庭成员或亲密关系之间，又是在家庭场所发生的，属于生活的私密空间，不易被人发现。因此，家庭暴力表现出隐密性、残忍性、多样性、延伸性和周期性（暴力发生——道歉原谅——夫妻和解——矛盾激化的周期循环）的特点。

（4）家庭暴力的危害。过去，人们普遍对家庭暴力存在误解：认为是两口子打架，属于夫妻间的私事，是个人隐私，别人不好干预；认为他打的是自己老婆，又没打别人，犯什么法？甚至还认为：一个巴掌拍不响，挨打的妇女肯定是她自己不好，如好唠叨、不顾家或对公婆不好等；认为"床头打床尾和"、"宁拆十座庙，不破一门婚"，因而对家暴有一定的容忍，甚至认为比较正常。其实，家庭暴力决不是个人私事，而是社会公害，危害极大。

首先，家庭暴力的直接受害者是妻子。家暴是对女性作为人的基本权利和尊严的剥夺；它不仅使女性身体受到伤害、致残、甚至于死亡，更为严重的是摧毁了女性的自尊和自信心。使女性感到孤独、悲观，从而对社会失去信心；往往导致受害妻子自杀或以暴制暴而犯罪，由受害者变成"杀人者"。

云南省武定县猫街镇31岁的小果，经人介绍与丈夫结婚。婚后不久，她发现丈夫有吸毒的恶习，也从此开始遭受家庭暴力。丈夫一不高兴抡拳头就打，妻子越伤他越过瘾、心里越舒服。2015年两人出去打工，回来后一直住在娘家。从此，小果的父母也经常被殴打，有一次，小果的丈夫甚至用刀扎伤了岳父。在罚款和批评教育下，丈夫当着民警的面表示道歉，保证好好过日子。但是，暴力的惯性并没有停止。2015年10月19日，小果和父母又遭到殴打，丈夫拿刀扬言要杀死小果。母亲出来阻挡，丈夫把母亲按倒在地并拿刀刺杀母亲。但是，这一次谁都没有料到的后果出现了，小果拿起地上的棍子向丈夫的头部猛然击打，直至丈夫死亡。

其次，家庭暴力给孩子带来了严重伤害。当孩子亲眼目睹父亲对母亲实施暴力行为时，会产生恐惧、惊吓，并造成心灵上的创伤。因此造成孩子在社会交往中表现出自卑和自私，产生对他人、对社会的反叛和无端仇恨，甚至导致越轨和犯罪。通常家暴中成长的男孩子会习得暴力行为，女孩子则会导致自卑。

道德案例

2016 年 5 月 2 日，21 岁的云南男孩王建彬用一根绳子杀死了自己的父亲。在这个家庭里面，父亲王正喜酗酒后的日常性家暴是长年挥之不去的阴影。王建彬的母亲李红梅在结婚的 22 年之内，长期忍受着丈夫不定期的酗酒以及随之而来的暴力，她尝试求助，想要逃离，最后绝望，只剩求生的本能向远在昆明的儿子打来最后一通求救电话。小学六年级便辍学的王建彬在原生家庭的阴影下沉默寡言，学识的欠缺使他找不到合适的解决途径。这一次更严重，父亲要烧房子。王建斌从昆明回家劝父亲，但父亲根本就没有理睬，当天晚上照样打了母亲。第二天早上，父亲又打母亲。在对母亲、弟弟的强烈关切和多年积怨之下，可怕的愤怒爆发了。"当时就是种种担心，以后万一我走了，他又继续打骂我的妈妈，还有弟弟，万一哪天被打死了怎么办？"当时这些想法一下子全部出来，越想越气愤，越想越冲动，他趁父亲醉酒之际，用家里背麦草的绳子勒死了他。

——《今日说法》：家暴之伤 2018 年 1 月 20 日

再者，如果对家人的虐待和暴力造成严重后果，施暴者自己也将被法律制裁，家庭造成破裂。施暴者的施暴行为可能无意识间"教会"了妻子和孩子"以暴制暴"，使自己死于非命。

最后，家庭暴力破坏家庭和谐，影响社会的安全与稳定，进而影响整个社会的文明与进步。

因此，家庭暴力是危及家庭成员安全，关系社会稳定发展的大事。对家庭暴力的干预已经成了国际共识。

（5）家庭暴力的根源。到底是什么原因促使男人一定要打老婆呢？家庭暴力究竟会发生在哪些家庭或人身上？为了有效干预和制止家庭暴力，必须弄清楚家庭暴力产生的根源。在反家暴培训班上，每次都会给参训学员提出"什么样的男人打人？"和"什么样的女人被打？"这样的问题，让其分组讨论。无论是公安干警、妇联干部，还是新闻媒体人、社区工作人员以及村民等不同群体，他们讨论的结果却惊人的一致。

结果显示：脾气躁、心眼小、挣钱多、素质低、好吃懒做的男人打老婆；不温柔、心眼小、素质低、不挣钱、好吃懒做的女人被挨打。仔细分析就会发现一个关键性的问题：那就是同样的事情发生在女人身上是挨打，发生在男人身上则是打人。为什么会是这样呢？值得我们深思。

延续几千年的夫权制社会，始终把女性当作是男性的附属品。即使到了妇女解放的今天，男性在家庭中依然处于极大的优势地位，当他们对妻子不满，或妻子没有按照丈夫的意见做事时，男性就会通过暴力的手段，达到对妻子的控制，来体现家庭的权威。

因而，家庭暴力仍时有发生。对妇女的暴力行为，恰恰就是两性不平等的权力关系在家庭的体现，这种不平等关系导致男性对女性的控制和歧视。也就是说，男女两性不平等的权力关系是家庭暴力产生的根源，而暴力则是男性获取权力和支配女性的手段。

所以，家庭暴力绝非私事，它是对女性人权的剥夺，是对女性人格尊严的践踏。家庭暴力是社会公害，新时代一定要从法律的高度反对和制止。

（6）反对家庭暴力是全社会共同的责任。我国是《消除对妇女一切形式歧视公约》的签署国，是《北京宣言》和《行动纲领》的承诺国。我国《中华人民共和国宪法》、《中华人民共和国未成年人保护法》、《中华人民共和国婚姻法》、《中华人民共和国妇女权益保障法》、《中华人民共和国老年人权益保障法》和《中华人民共和国治安处罚条例》等，都明文禁止对妇女的暴力行为、反对家庭暴力。2015 年 3 月，最高人民法院、最高人民检察院、公安部、司法部联合印发了《关于依法办理家庭暴力犯罪案件的意见》的通知，以积极预防和有效惩治家庭暴力犯罪，加强对家庭暴力被害人的刑事司法保护。2015 年 12 月 27 日，十二届全国人大常委会第十八次会议表决通过了《中华人民共和国反家庭暴力法》，并于 2016 年 3 月 1 日起实行。反对家庭暴力已成为社会共识，是全社会共同的责任。

目前，我国各地已经成立了维护妇女儿童合法权益的专门机构，并形成了反对家庭暴力的有效网络。如维护妇女权益领导小组；公安机关建立家庭暴力投诉受理机构、110 反家暴报警中心；

派出所或社区警务室挂牌成立维权投诉站；法院特邀陪审员制度；成立妇女法律援助中心、家庭暴力伤情鉴定中心和受虐妇女庇护所等。尤其在针对受害妇女"以暴制暴"案件的司法实践中，引入了"受虐妇女综合症"概念，理解受家庭暴力伤害的妇女，有效维护受家暴妇女的权益。

家庭暴力是社会公害，没有一个团体或组织可以独立消除家庭暴力。所以，政府应加强各机构、部门之间的通力合作，充分发挥政府各部门的职能，共同为消除家庭暴力作出努力。

警务人员：当发生家庭暴力时，警务人员可能是受害人的第一求助人。您的介入可以让受害人及其孩子摆脱危险状况，避免遭受更大的伤害和威胁，也可以保留相关证据，为受害者提供诉讼上的帮助。

司法人员：人民赋予您裁决的权力。您权力的行使关系到整个社会对家庭暴力的认识和态度。对家庭暴力保持一定的敏感度，多从弱势妇女群体的现实处境考虑问题，会使裁决更能体现法律的正义、公正和严肃性。

医务人员：在您的病人中，可能有家庭暴力的受害者，您对此一定要有敏感性。您的关心和帮助可以让受害者的心理得到安慰，增强她们反对家庭暴力的信心。也可以为受害者提供完整的连续的医疗记录，作为法庭证据。

社区工作人员：在您的社区大力宣传反对家庭暴力，并给予受害者支持与帮助，对暴力伤害妻子的人提出教育批评，将有助于改变社会对妇女的态度，营造反对家庭暴力的社区氛围。

新闻人员：您的报道将直接影响人们对社会问题的认识和看法。积极宣传反对家庭暴力的法律法规，给予家庭暴力应有的关注，将有助于人们改变对家庭暴力的错误认识，推进全社会反家暴工作的开展。

受害人的邻居：当暴力发生时，您可能是外界最先知道的人。您的尽快介入，您明确的反对态度，可以让受害者不再孤独和无助，甚至会使她们避免受到更残忍的伤害。

只有整个社会都拒绝家庭暴力，才能给妇女提供一个暴力"零容忍"、无暴力的生活环境。

四、夫妻和睦

习近平总书记强调："不论时代发生多大变化，不论生活格局发生多大变化，我们都要重视家庭建设，注重家庭、注重家教、注重家风，紧密结合培育和弘扬社会主义核心价值观，发扬光大中华民族传统家庭美德，促进家庭和睦，促进亲人相亲相爱。"夫妻和睦是家庭美德建设的关键因素和核心内容。

"平语"近人

家庭是社会的基本细胞，是人生的第一所学校。不论时代发生多大变化，不论生活格局发生多大变化，我们都要重视家庭建设，注重家庭、注重家教、注重家风，紧密结合培育和弘扬社会主义核心价值观，发扬光大中华民族传统家庭美德，促进家庭和睦，促进亲人相亲相爱，促进下一代健康成长，促进老年人老有所养，使千千万万个家庭成为国家发展、民族进步、社会和谐的重要基点。

——习近平：《在二·一五年春节团拜会上的讲话》（2015年2月17日），《人民日报》2015年2月18日

（一）夫妻和睦是家庭关系的支柱

家庭关系是指基于婚姻、血缘或法律拟制而形成的一定范围的亲属之间的权利和义务关系。家庭关系依据主体为标准，可以分为夫妻关系、亲子关系和其他家庭成员之间的关系。夫妻关系是家庭关系的支柱。和睦的夫妻关系，是维系家庭和谐幸福的关键。"你是否愿意无论疾病还是健康,或任何其他理由,都爱他/她,照顾他/她,尊重他/她,接纳他/她,永远对他/她忠贞不渝,直至生命尽头？""我愿意。"这是西式婚礼中一部分的致词,听起来优美、感人。对话说出了世界上每一对夫妻结婚时的美好意愿，并且期望婚姻像承诺一样，永远一起走到生命的尽头。怎样才能做到呢？"夫妻同心，其利断金"。只要夫妻和睦恩爱，一切问题都将不是问题，幸福自然永远相随。

1. 夫妻和睦是家庭关系的核心

夫妻关系是指反映家庭中丈夫和妻子之间的情感、权利和义务的关系，是一种姻亲关系，是家庭关系的基础。夫妻关系在家庭关系中的地位和作用，随着家庭结构的变化而不断变化。

联合家庭和主干家庭为主的传统大家庭中，要求女子"三从四德"，其地位和人权完全被忽视，"相夫教子"是传统社会为人妻者的最高理想。夫妻关系的准则是"夫妻有别"、"夫为妻纲"、"男尊女卑"。夫妻关系从属于"家长统治"，必须首先服从于家族利益的需要和家长的权威，整个家庭重亲子关系而轻夫妻关系。

社会主义制度从根本上废除了"男尊女卑"和"夫为妻纲"的封建婚姻家庭制度，为实现夫妻民主平等提供了社会基础。女性的广泛就业和经济的独立，为其人身和人格上的独立提供了现实经济基础。妻子摆脱了对丈夫的依附，具有了自己的独立人格，与丈夫共同成为家庭的主人，男女两性的地位趋于平等。

随着市场经济的发展，尤其市场经济带来的人口流动频繁、血亲纽带松弛，使得亲子关系在家庭中的地位削弱，夫妻关系则显得日益重要。男女以爱情为基础缔结婚姻，已不单纯是为了传宗接代、延续家业，而更多的是为了自身的感情需要和实现个人的幸福生活。家庭结构的小型化、核心化，使得维系家庭关系的轴心由"纵向的亲子关系"转向"横向的夫妻关系"，夫妻成为家庭生活的维持者、主持者和体现者，是对外活动的代表。由此，夫妻关系成为维系婚姻家庭的最基本、最重要的关系，处于家庭关系的核心地位。而其他如血缘关系、亲缘关系都是通过夫妻关系衍生和展开的，处于次要地位。

夫妻关系是家庭关系的核心，亲子关系及双方家人的关系都不能凌驾于它之上。但在传统的家庭教育中，亲子关系重于夫妻关系。这也是各种家庭矛盾的根源。

有人说过这样的话：世界上所有的爱都是以聚合为目的，只有父母对孩子的爱是以分离为目的。如果父母能让孩子尽早作为一个独立的个体从其生命中分离出去，这种分离越早，父母的爱就越成功。而夫妻之爱恰恰相反，配偶才是那个相濡以沫、真正相互陪伴一生的人。夫妻感情深厚，才能实现"与子偕老，与子成说"。

国内知名的心理学家曾奇峰形容说，夫妻关系是"家庭的定海神针"。在有公婆、夫妻和孩子的"三世同堂"的家庭中，如果夫妻关系是家庭核心，那么这个家庭就会稳如磐石。相反，如果亲子关系(包括公婆与丈夫、丈夫与孩子、妻子与孩子间的关系)凌驾于夫妻关系之上，把孩子放在中心位置，那就是把关系弄颠倒了，极易出现糟糕的婆媳关系和严重的恋子情结这样的问题。所以，要想营造一个健康的家庭系统，必须将夫妻关系置于家庭的核心位置，夫妻关系是家庭的核心关系。

2. 夫妻和睦影响其他家庭关系

常言说，结发为夫妻，恩爱两不疑。夫妻关系是维系亲子关系、家庭关系及其他关系稳定延续的前提基础。只要夫妻关系好了，整个家庭就稳定了。一旦夫妻关系出现问题，亲子关系就会出现危机。夫妻和睦是整个家庭的基础，夫妻恩爱是家庭运转的核心。《易经》讲"男女成室，人伦之始"。有了家，才开始有宾主之礼、五伦之常。

（1）夫妻和睦影响亲子关系。和睦的夫妻关系是家庭送给孩子最好的礼物。在和谐家庭里，孩子能时刻感受到家庭的温暖、关爱和快乐，有利于培养孩子热情、开朗、进取、正直、真诚的品质。相反，在不和谐家庭成长的孩子，极易出现如自卑、恐惧等心理障碍，孩子缺乏安全感，自私自利，甚至冷酷无情，报复性和进攻性较强，影响孩子的健康成长，甚至会导致孩子走向犯罪。

第一，和睦的夫妻关系能促进孩子健康成长。夫妻感情和睦，家庭成员间沟通顺畅，对待问题态度一致，家庭就能团结高效，能为孩子提供一个持久稳定的养育环境。在这样的家庭成长的孩子，能感受到父母对自己的爱，具有安全感、归属感和价值感；性格也更乐观、自信、勇敢；遇到困难时不容易被打垮，也更拥有解决问题的能力；能避免孩子"以自我为中心"。另外，夫妻和谐恩爱又能够为孩子提供良好的亲密关系范本，从小习得父母如何处理冲突、如何经营家庭关系的经验。

夫妻关系和睦的家庭，父母往往有自身的追求和发展，需要有足够的时间充实自己。因此，不会把父母的愿望投射在孩子身上，给孩子更多的是尊重、鼓励和引导，而非压迫与干涉。父母可以成为孩子一生的挚友和导师，为孩子健康成长提供更多的选择空间。

第二，不和谐的夫妻关系使孩子不能承受其"重"。如果在家庭关系中，亲子关系重于夫妻关系，那么父母就会围着孩子转，并站定各自的阵营，都向孩子投去大量的情感联结，子女成了父母争取同盟军的人选。母亲之所以这样，是因为对自己的婚姻充满了不安全感，潜意识中把孩子当成了救命稻草。父亲通常会用拼命工作或者别的东西在外界证明自己，其实质是潜意识中感受到婚姻的无奈、困惑，而在家庭中又找不到存在感。

在这样的家庭里，很多孩子从一出生就在为父母的不和谐付出代价：幼年时，成为家庭的中心，填补父母感情的空白；童年时，被父母重点关注和照顾，要考取好成绩来补偿父母挫败的事业；

青年时，被催促成家立业，按照既定轨道生活，失去探索自己生命的可能性，来成就父母的掌控欲；中年时，被父母老迈、争吵、不快乐的生活所影响，担忧自己的老年是否也会变成这样。其实，种种问题的根源就在于夫妻关系的不和谐，孩子只是替罪羊而已。

只有懂得夫妻关系才是整个家庭的核心，给对方强有力的支持，才会拥有优质的婚姻。

第三，不和谐的夫妻关系会导致孩子出现流浪、暴力甚至犯罪行为。对于家人，特别是对于孩子来说，安全感永远是第一位。好的夫妻关系能给家人带来足够的安全感，并且是维系整个家庭的基础。而不和睦的家庭环境，会导致孩子产生很大的危机感、不安全感，进而产生自责的心理，贬低其自我价值感。因为长期缺乏温暖的沟通，在北京的流浪孩子中，有 10% 是从家庭临时出走的；有 10% 的流浪孩子是为了追寻父母盲目进京。国内外青少年犯罪原因的研究也表明，多数犯罪的青少年都是因为家庭不和谐，从小缺乏关爱而造成的。香港施政报告显示：香港许多暴力事件源于家庭，自杀事件近年达到一个新高，都与不和谐家庭有关。在未成年犯罪中，有 35% 以上直接来自于子女对父母离异的不满；有 30% 以上是来自于家庭暴力。可见，夫妻关系和谐能够极大地减少未成年人犯罪。

夫妻关系出现问题，首先伤及的是亲子关系。孩子或成为父母争抢的同盟军，或成为父母怨愤的出气筒，对孩子的伤害无疑是巨大的。

（2）夫妻和睦影响婆媳关系等其他家庭关系。有专家指出：

婆媳关系从来都是个伪命题，其实并不存在单纯的婆媳两点间关系，而真正存在的是婆婆、丈夫、媳妇儿之间的三点关系。丈夫在妻子与父母之间是一个纽带和桥梁，如果丈夫出于对母亲的孝顺而站在母亲的立场，共同面对自己的妻子，或者为了避免冲突，从这种关系中脱离出来，对婆媳矛盾等家庭矛盾不闻不问，让妻子独自面对，那只能使婆媳关系以不同形式更加激化、恶化。如果丈夫意识到夫妻关系是家庭的核心关系，站在妻子的立场保护妻子的利益，或站在夫妻二人的立场上代表妻子，处理好自己和父母间的关系，平和妻子和家人的矛盾，就会避免甚至阻断婆媳矛盾的继续发展。其实，婆媳关系的根本也源于夫妻关系。

夫妻和一家和，夫妻不和几代不安。人人都渴望亲密关系，夫妻关系就是个体脱离原生家庭后最亲密的关系。如果夫妻关系的内在不满足，就会激发个体对外在关系的寻求。这就是为什么很多家庭在夫妻关系出现问题后，会把亲子关系、婆媳关系等置于夫妻关系之上。他们期望用这种方式弥补夫妻关系中的缺陷，也希望用这样的方式逃避自己真正应该面对的问题。殊不知却是抱薪救火、沙滩盖楼，导致很多悲剧的发生。

民政部发布的《2016 年社会服务发展统计公报》数据显示：2007-2016 年十年时间，中国离婚人数累计达 3062.8 万对，累计增长率为 98.1%。许多不稳定的因素，家庭不和谐、夫妻吵架引起群体性斗殴，甚至姓种械斗的大有人在；夫妻故意伤害甚至谋杀也时有发生，严重影响了社会稳定。

人们常常把夫妻关系当作一场修行。没有人天生就会处理关系，但是随着时代的进步、社会的开放，人们应该不断增强自己把握夫妻关系的能力，这不仅是家庭和谐的要求，也是社会进步、人类发展的要求。

（二）夫妻和睦的主要内涵

夫妻和睦指夫妻平等，互敬互爱，家庭和谐，幸福美满。夫妻双方在工作上互相支持，生活中彼此关爱，共同承担家庭责任等。

俗话说"家和万事兴"，而夫妻和睦，家庭才能和睦。所以，夫妻和睦是幸福生活的保障。建立幸福生活，最需要夫妻之间诚信友爱，尊重包容，也需要传承优良家风。

1. 平等

夫妻平等是对夫妻在家庭中的地位的规定。夫妻在家庭中地位平等，主要是指夫妻间权利义务的平等，包括夫妻在人身方面与财产方面的平等，不允许出现只享受权利不尽义务，或只尽义务不享受权利的不合理现象。

古代的夫妻关系立法采用夫妻一体主义，也称夫妻同体主义。是指男女结婚后，夫妻合为一体。但实质上是采用夫权主义，妻子的活动由丈夫全权代表，妻子丧失了民事法律行为能力、诉讼行为能力、管理和处分自己财产的能力等。

19世纪以后，西方各国的夫妻立法采取夫妻别体主义。夫妻别体主义是指夫妻结婚以后，男女平等，各自保有独立人格，夫妻平等地享有民事法律行为能力、诉讼行为能力、对财产享有所有权的能力及对个人财产拥有管理和处分的能力、参加社会活动的能力等。但是在一定程度上仍然存在夫妻不平等的残余。

我国《婚姻法》规定的夫妻在家庭中地位平等的原则，应从以下三个方面理解：

（1）规定夫妻在家庭中地位平等，是作为夫妻关系总的原则，是确定夫妻各项权利义务的基础，不是夫妻在家庭中具体权利义务的规定。夫妻平等的原则意味着夫妻在共同生活中，平等地行使法律规定的权利，平等地履行法律规定的义务，共同承担对家庭和社会的责任。现实生活中，家庭关系会出现各种各样复杂的情况，在法律没有具体规定的情况下，对夫妻关系如何处理，就要依据夫妻在家庭中地位平等这一总原则作出分析判断。

（2）夫妻在家庭中地位平等，不是指夫妻在家庭关系中的权利义务对等，也不是指夫妻要平均承担家庭劳务。平等不是均等，家庭劳务要合理分担。对于家庭事务，夫妻双方均有权发表各自的意见，双方协商作出决定，一方不应独断专行。

（3）夫妻在家庭中地位平等，主要意义是强调夫妻在人格上的平等以及权利义务的平等。强调夫妻的人格独立，夫妻都是家庭关系中的主体。夫妻双方应当互相尊重对方的人格独立，不得剥夺对方享有的权利。

《婚姻法》规定夫妻在家庭中地位平等，其主要内容是：夫妻对于共同生活中的共同事务如住所、生活方式等拥有平等的决策权，夫妻拥有平等的姓名权、人身自由权，共同承担计划生育的义务，夫妻对共同财产拥有平等的所有权、管理权、用益处分权，对子女拥有平等的监护权，在象征性语言上夫妻也没有等级秩序。

地位平等是夫妻和睦相处的基础和重要条件。只有平等，才能彼此尊重；只有平等，有问题时才能协商。夫妻之间，应避免表面的、虚假的平等，即用"牺牲一方利益"掩盖夫妻关系真实的不平等，这就像平静海面下的火山，终究会爆发。当然，夫妻地位平等并不意味夫妻两人要细算到每个人应该 AA 多少，才是真的公平。家庭是需要夫妻双方共同经营和维持的，家庭生活不同于职场工作、朋友关系，也不是谁付出的越多就应该享受越多，而是要相互理解、相互尊重、相互关爱。

2. 互敬

夫妻因爱情而结合。因为心中有爱，所以彼此心疼，你心疼他／她的不容易，他／她心疼你的辛苦。也因为爱，所以彼此谅解，他／她包容你的任性，你谅解他／她的小错误。也因为爱，所以你认可他／她的一切，他／她体谅你的情绪。

互敬互爱是家庭和睦的基础，是家庭幸福的源泉。这表现在：夫妻双方在生活中相互照顾、相互信任；在工作中相互理解、相互支持、相互取长补短；遇到困惑相互开导、相互帮助。只要互相站在对方的角度来看待事物，思考问题，就没有什么事情是解决不了的。夫妻之间，其实通常也并不介意多为家庭付出，但是却往往不能接受自己的付出被对方忽视或看轻。很多时候，夫妻之间并不缺乏爱，却缺乏对彼此的体谅。老一辈无产阶级革命家周恩来和邓颖超夫妇在夫妻关系的处理上，提出的"八互"原则：

互敬、互爱、互信、互勉、互助、互让、互谅、互慰，为我们做了很好的典范。

以往，我们在谈论家庭关系或夫妻关系时，特别强调女性在处理家庭关系中的重要性，女性积极主动地沟通和情感投入，的确能较快缓解冲突，化解矛盾，成为家庭关系的润滑剂。而在社会竞争和高强度劳动环境下的今天，职业女性承受的工作和家庭的双重压力及双重（多重）角色的冲突较之以前更加明显。所以，新时代家庭在夫妻关系的处理上，应特别强调男性的家庭主体地位，应特别重视丈夫在婚姻关系稳定方面的重要性。作为丈夫应对妻子多用"情"、多呵护、多认可、多赞扬，积极协助妻子缓解压力、减少冲突，提高妻子对婚姻生活的满意度。

所以，男性应充分发挥和谐家庭、和睦夫妻的重要主体作用，这是新时代家庭美德建设对男性的新要求。习近平总书记不仅身体力行，还将此理念在日常生活中进行普及，意在鼓励男性更多地参与家庭建设。他在梁家河时期，本着男女平等、互相尊重的态度帮助村民解决家庭矛盾。他曾在张卫庞家入伙吃饭，注意到夫妻俩闹了别扭，便对张卫庞说："谁对就是谁对，谁错就是谁错，对的就坚持，错的就改。你们不用较劲，该讲道理讲道理。反正，卫庞你这人有挺多毛病，你该改的毛病你就要改。你婆姨这人可是相当不错，干净、利索、勤快，把家务活儿干得这么好，把家里人照顾得这么好，让你可是省了不少心，你还跟她吵，这可不行。"他从男女平等、夫妻和睦的角度，主张男性抛开男主女从的男权思想，对妻子给予更多的尊重和理解，并主动发挥积极协调作用。

因此，有专家建议把类似这样的话记在脑中，常常说给对方听："我非常理解你现在的难处和心理感受……"，让夫妻关系在不断呵护、建设、更新的婚姻过程中更加稳固，达到夫妻精神协同发展。

3. 包容

好的夫妻关系，应该是彼此接受对方缺点的同时依然可以相互欣赏，并在他人面前为自己的另一半树立良好的形象。其实，每个人都是带着原生家庭的影子步入婚姻的，都希望婚姻能成为疗愈自己的良药，却不知道自己对待婚姻的态度成了原生家庭的复制品。婚姻本质是接纳自己和对方的不完美、反省自己的不足和学会良性沟通。有时只需要你轻轻迈出第一步，对方便会迈出第二步、第三步，而不是把自己的期待都压在对方身上，谁也不肯先迈出第一步。

"平语"
近人

"见善则迁，有过则改"，踏踏实实修好公德、私德，学会劳动、学会勤俭、学会感恩、学会助人、学会谦让、学会宽容、学会自省、学会自律。

——习近平：《青年要自觉践行社会主义核心价值观》（2014年5月4日），《人民日报》2014年6月10日

家是所有家庭成员的"利益共同体"，更是"命运共同体"。共同体的存在，取决于包容与谦让。包容是一门学问，学会包容

的人，就学会了生活；懂得包容的人，就懂得了快乐。与包容品质形影相随的是谦让。

"百年修得同船渡，千年修得共枕眠"。夫妻之间要懂得珍惜缘分，宽容忍让。只有宽容忍让，才能愈合不愉快的创伤，才能轻松和谐。要想婚姻充满激情、温馨，唯有夫妻间的相互宽容和谦让。

有一项研究表明，70%的婚姻冲突是不可调和的，比如说，性格不合和家庭原因。但是只要双方愿意理解对方和搁置差异，就可以很好的维持婚姻。人无完人，每个人都渴望来自别人的认可和赞扬。多项脑神经科学研究表明，熟悉的朋友甚至来自陌生人的认可和表扬会刺激人脑中的激励系统，起到和其他如经济激励一样的效果。

爱需要胸怀，需要容忍。爱得越深，这种容忍就越是能发自内心，成为内在的品质，成为一种爱的自然流露。

经典名句

退一步自然优雅，让三分何等清闲。忍几句无忧自在，耐一时快乐神仙。宁可采深山之茶，莫去饮花街之酒。吃菜根淡中有味，守王法梦中不惊。

——《韩愈家训》（唐代）

所以，人们经常说"婚前瞪大两只眼，婚后睁一只眼闭一只眼"。幸福婚姻不是没有问题的婚姻，而是善于解决问题的婚姻，善于沟通的婚姻，善于互相包容和谦让的婚姻。

新时代理想的夫妻关系应该是：彼此独立，终生相依。交谈时，彼此是知音；困难时，彼此是咨询师；痛苦时，彼此是安慰者；生病时，彼此是护理者；年老时，彼此是拐杖；但平时，彼此各有事情忙活着。

（三）新时代夫妻和睦美德的新要求

不管是中国人还是外国人，对中国传统文化的误解很多，其中一条"罪状"，是说中国古代只重君臣之义、父子之恩，不讲男女之爱、夫妇之情。其实，这都是想当然的说法。可以毫不夸张地说，在世界各大文明中，中华文明最重视夫妇关系，最讲究男女相处之道。《诗经》的第一篇，是讲男女情爱的《关雎》，一向被认为是儒家重视夫妇之道的证明。所以《中庸》还说："君子之道，造端乎夫妇。"一切的大道理，要从夫妇之间开始。如果连夫妻关系都处理不好，不能维持一个和睦稳定的家庭，经常"后院起火"，还谈什么大道，做什么事业呢！习近平总书记指出无论时代发生什么变化，都要注重家庭，注重家庭建设，这是十分重要的。夫妻和睦是家庭美德建设的重要组成部分。

1. 突破传统性别规范"男外女内、男主女从"

传统性别规范简单来说，就是社会分工上的"男外女内"、社会地位上的"男主女从"、角色规范上的"男强女弱"，它体现了两性之间支配和服从的权力关系。妇女从家庭走向社会后，这种规范和权利关系虽然受到了一定的冲击，但并没有从根本上突破，依然以不同形式顽固地发生着作用。

（1）"男外女内"的性别分工。"男外女内"的劳动分工，是在人类主要依靠体力劳动，且女性生育无法控制的情况下产生的，有它特定的历史条件，是不以人的意志为转移的。如今，社会发展越来越弱化了劳动对于体力的要求，人类也有了控制生育的措施，但"男外女内"的性别分工模式，仍然得到社会的普遍认可。

这一性别分工机制的最大特点是：按照性别进行分工，完全忽视男女个人的选择权利和意愿，忽视了男女个体之间能力、专长、兴趣的差异，强制性地为男女的性别角色定位。即使在越来越多的妇女参与到社会各个领域，传统的性别角色已经发生了很大变化的情况下，"男性以社会为主，女性以家庭为主"的分工格局和人们（包括位居高官的领导层人士）的观念却没有发生根本性的转变。

（2）"男主女从"的社会地位。社会地位是一个相对的概念，即地位的高低是该国女性与该国男性相比较而言的。男女两性在社会上的地位谁高谁低，可以从两性掌握的主要社会资源来进行分析判断。而社会资源通常分为组织资源、经济资源、文化资源、信息资源和技术资源等类型。

按照这样的分类，我们先来对比一下男女两性所占有的组织资源。组织资源通常也叫权力资源。从古到今，上至中央下至村委，中国社会的领导权、决策权基本集中在男性手中。那么与此相比，女性参政议政的情况如何呢？ 1995 年，我国妇女参政的国际排

121

名是 12 位，2005 年已降至 42 位。多年来，中国女性人大代表的比例一直徘徊在 20% 左右。联合国发布的关于 2019 年各国妇女参政比例排名则显示，我国在 193 个国家中排名第 73 位。

为了矫正性别不平等，体现公平原则，国家在促进妇女参与决策时，曾硬性规定了妇女参政指标，即要求各级政府领导班子中至少要配备一名女干部。但在执行规定的过程中，各地基本上将"至少"变成了"最多"，也就是领导班子中只有一位女性，且是"无知少女"（即集"无党派人士、知识分子、少数民族和女性"于一身）。同时，在女干部任用上出现了"三多三少"（即副职多虚职多边缘部门多，正职少实职少主干线少）的现象。

再来看看经济资源。经济资源往往是通过财富的占有率来体现的。现实社会中，从事经济活动的如大老板、经理、首富等均以男性居多，这表明社会财富主要集中在男性手中。《2019 年中国职场性别差异报告》显示：2018 年中国女性平均薪酬为 6497 元，薪酬均值为男性的 78.3%。男性薪酬优势同比 2017 年上升 8.7%。

文化资源可以通过接受教育的专业层次来看。在专业层次上，目前的状况是男性普遍高于女性。

同样，男性掌握的信息资源也普遍多于女性，且高精尖技术通常被男性所掌握。《2019 年中国职场性别差异报告》分析认为，职位选择是导致男女薪酬分化的最大原因。从男女双方的求职特点来看，男性更偏向技术、销售等工作强度大、薪酬回报高的岗位；而女性更青睐行政、运营、市场等工作强度一般、薪资中等的均衡性岗位。近两年，越来越多的女性向高级技术、产品、管理等岗位拥入，但大部分高薪岗位中，男女比例依然呈现明显失衡状态。

可见，传统性别规范其实是一种资源分配制度，即是以"男性为中心"来分配社会和家庭资源的。因此，男性因占有资源而拥有心理上的优势，形成了对女性的歧视、支配与控制，而女性则要依赖男性获得资源，从而产生自卑心理。

通过以上分析，我们不难发现："男外女内"的性别分工强化了两性的角色差异；"男主女从"的婚居制强调了男性在资源占有和分配上的特权；"男强女弱"的社会形象又为之提供了合理化的思想依据。应该说，这种以"男性为中心"的性别结构，是阻碍男女平等的最关键因素。在今天，这种性别结构虽然在某些部位发生了变异，但整个结构依然表现出相当的稳定性。就像风一样，你看不到它，却被它吹拂，时时感受到它的"无所不在"。

所以，只有打破以"男性为中心"的性别规范，改造不平等的性别机制，才能真正实现男女平等、夫妻平等。

（3）打破传统性别规范，推动性别平等。首先，政府要履行职能，将性别视角纳入公共政策。男女不平等说到底是社会公正问题。政府作为国家的公共权力机构，对社会成员承担着责任和义务。构建公平的社会环境，确保社会成员公平发展，是政府不可推卸的责任。最近几十年，国际社会不断加大推进性别平等的力度。联合国也将性别平等纳入人类发展统计指标，作为衡量各国社会发展程度的一个重要依据。

为什么要求各个国家政府的行动？因为公共决策是由政府制订的，它与人们生产生活和现实利益密切相关，直接影响着人们的价值取向和道德判断。一旦形成，就具有一定的权威性、强制性和持续性，会对一代乃至几代人的生活方式和命运产生决定性影响。

如果决策者受传统性别文化潜移默化的影响，对我国性别平等状况和国际推动性别平等总趋势缺乏了解，就会使许多领域的公共政策存在性别盲点或误区，给两性尤其是给妇女的发展带来不利影响。所以，决策者要具有性别敏感性；对两性差异进行性别分析；对政策进行性别规划，制订为男女创造平等机会的特定战略；保证足够数量的性别（女性 30% 以上）利益代言人。站在促进社会和谐发展的高度，制订一套切实可行的政策和制度，并通过公共政策的强制作用，将性别平等的观点深入到每个公民心中。

经典名句

关注和推进妇女与社会的协调发展，决不仅仅是妇女的事情，而是政府的责任。政府的认识应当上升到这一高度：争取男女平等的重要性，不亚于废除奴隶制和殖民主义的消亡！

——1995 年联合国《人类发展报告》

其次，促进婚居制改变，鼓励男到女家。以男性为主的"从夫居"婚居制，曾是中国父权制的重要支柱，它保证了男性对女性的绝对控制。男人们一生一世住在一个村落，继承和拥有土地、房产等资源。女性从自己生长的环境中被剥离出来，成为夫家之人，承担为夫家生儿育女、养老抚幼的义务，夫家的资源是她赖以生存的基础，她因此成为男性的附属品，被男方控制和支配。所以，"从夫居"实际上标志着男女间的一种权力关系。时至今日，这种婚居制仍在绝大多数农村地区发挥着支配性的作用。

我国《婚姻法》明确规定：登记结婚后，根据男女双方约定，女方可以成为男方家庭成员，男方也可以成为女方家庭成员。女方可以在男方家庭所在地居住，男方也可以到女方家庭所在地居住。但事实上多是"从夫居"，且在全国范围内，几乎是所有地方的乡规民约，都在不遗余力地维护以"男性为中心"的"从夫居"。大多数地方都强制性地规定：凡是家里有儿子的，女儿结婚必须迁移到男方所在地落户；如果男到女家，当地派出所不予上户口；女方出嫁不愿意离开本村的，强行吊销户口，收回已经分给的责任田。

这种婚居制带给妇女的是什么呢？

在今天的农村，主要的生产资料是土地，主要的生活资料是住房，两者都属于不动产资源。依照"从夫居"的原则来分配责任田和宅基地，妇女只有通过婚姻才能获得必要的生活来源。土地使用是必须附着于她的婚姻而产生，当男婚女嫁与资源分配发生联系时，婚嫁就不仅仅是一种习俗，而被制度化、规范化了。这种"习俗"不只是让妇女丧失了应有的权利，还带来一系列的问题，诸如人们的"男孩偏好"，不愿对女孩进行教育投资，巩固陈旧的性别观念，强化妇女的依附地位，使妇女陷入制度性贫困等等。

不要以为随着社会经济的发展，传统的性别观念和制度会自然而然地改变。

北京近郊的韩村因兴办乡镇企业而走上了致富之路，1997年总产值就达到 1 个亿，80% 以上的农户年收入超过 3 万元，是远近闻名的小康村。该村不存在女童失学问题，60 岁以上老人都有养老金。但在男婚女嫁的问题上，仍然恪守传统规则：要求女子结婚后户口要迁到丈夫所在地；男到女家者户口不能迁入，也不能享受该村福利；出嫁后又离婚的女子，不能再回本村上户。

可见，相对于经济发展，家庭制度和性别关系的变化要缓慢得多。我们应该发挥政策的强制性作用，从制度上纠正"从夫居"的习俗，让男到女家也能得到同等的待遇、资源与权利。废除如女儿必须嫁出去、女孩没有宅基地等剥夺妇女权利的土政策。

《纲要》链接

公共政策与人们生产生活和现实利益密切相关，直接影响着人们的价值取向和道德判断。各项公共政策制度从设计制定到实施执行，都要充分体现道德要求，符合人们道德期待，实现政策目标和道德导向的有机统一。加强对公共政策的道德风险和道德效果评估，及时纠正与社会主义道德相背离的突出问题，促进公共政策与道德建设良性互动。

当然，改变几千年的传统制度与习俗有着相当的难度，但这并不是政府不作为的借口。只要去做，就一定会有所突破。

陕西略阳县为了纠正几千年的婚姻习俗，在政策上向"从妻居"的家庭倾斜，鼓励男到女家。如优先为上门女婿入户；优先调拨承包地，解决宅基地，审批建材木料；优先安排到乡镇企业务工；优先享受移民搬迁；优先安排扶贫基金和贷款等等。1998年，全县男到女家落户的达到1.85万家，占总户数的32.5%。政策实施后，一个最显著的成效就是：该县的出生性别比比整个陕西省低了13个百分点！

江苏南部的农民在两个独生子女联姻时创造了"两头蹲"的新民俗。即男女结婚时，双方都备有新房，都置办一套家具，女方不要男方出钱。办喜事时男方女方都要办，男方先办，娶过来是新娘；过几天女方再办，把女婿"倒招"，两边喜宴的规模差不多。结婚以后两边住，有了孩子两家共有，有的是用双方的姓氏，有的生两个孩子，一人一个姓。这种新民俗在苏南独生子女户中已有一定的普遍性。妻子不再隶属于某一个男系家庭，她可以使用两边的资源，增强了在家庭中的发言权，行为也较少受到限制，夫家对她的控制能力也大大削弱。同样，丈夫也不同于入赘女婿那样受到岳父母的限制和支配。夫妻获得相对的独立性，两性关系也更为平等。

道德案例

河南登封周山村《村规民约》第七条规定：纯女户、有儿有女的子女婚嫁自由，男到女家、女到男家均可，享受本村村民待遇。对男到女家落户者，村民不应有任何歧视行为。

婚嫁应自由（顺口溜）

千年婚俗像罗网，男婚女嫁老纲常。

闺女出嫁如泼水，招婿上门脸无光。

千年规矩要改变，婚育新风进村庄。

男到女家成时尚，上门女婿把眉扬。

村民待遇样样有，不受歧视享荣光。

女儿女婿一样亲，家庭和睦奔小康。

其三，从政策层面倡导男女共担家务，挑战传统的性别分工。通过公共政策强制性的倡导，促使越来越多的男性在观念和行为上发生很大变化，树立注重感情、承担责任、关照家庭、体贴孩子的男性新形象，自己也在其中享受亲情和乐趣。政策的鼓励，也会促使女性就业人数迅速攀升，整个社会将朝着人性化的方向发展，更加和谐。如瑞典政府从 1974 年开始，把以前只为母亲提供的 3 个月的带薪产假转变成了父母皆可休的育儿假，如果父母双方各休了一半育儿假，可另外得到"性别平等奖金"。育儿假有效地改变了子女照顾中的传统性别分工，保障父亲为孩子提供经济抚养和日常照顾，极大的促进了性别平等和孩子利益的最大化。

2. 反对"大男子主义"和"大女子主义"

（1）反对大男子主义。所谓大男子主义，是指以追求"男性为中心"作为家庭最高理想和准则的思想体系，一切活动都是为了突出"男性"的价值、维护男性的利益。"大男子主义"主张男人掌握家庭经济大权，在家庭中居支配地位，要求妻子、孩子绝对服从；"大男子主义"歧视女性，贬低、轻视妻子的劳动和价值；主张男人只负责工作，不插手家务、不照看孩子。"大男子主义"的人从不认为自己有错，更不会给妻子认错；他霸道地要求妻子对他好，但从不体谅、心疼妻子；性情暴躁，说话总是命令式，通常不苟言笑，乏味无趣。"大男子主义"是"男权"思想的表达，是"男外女内"、"男主女从"、"男尊女卑"传统性别文化的典型产物，是男女不平等的权力依附关系在家庭中的体现。

当然，"大男子主义"思想的人也表现出一些优点，如自尊与自信、独立与自主、做事果断、敢做敢为，具有一定的领导能力等。但这些优点放在家庭"关系"的角度来看，恰恰表现出唯我独尊、独断专行、刚愎自用等缺点。"大男子主义"的男人由于缺乏平等思想意识，不懂得尊重女性，也不懂得协调夫妻关系和亲子关系的重要性，所以，这种不平等的婚姻家庭模式，压抑了妻子和孩子的个性，伤害了家人的情感和自尊，家庭生活缺乏温情和乐趣。

"大男子主义"是造成夫妻关系不和睦、亲子关系紧张的主要原因。如果这种现象恶性膨胀走向极端，常会导致婚姻破裂，严重的话还会导致犯罪。因此，新时代必须反对并摒弃"大男子主义"。

（2）反对大女子主义。"大女子主义"是指以追求"女性为中心"作为家庭最高理想和准则的思想体系，一切活动都是为了突出"女性"的价值和利益。"大女子主义"是与"大男子主义"相对立的思想、言论和行为方式，主张女性抛弃传统文化对女性"三从四德""相夫教子"的枷锁，担当起越来越多的社会责任，独立自主、追求个性，轻视甚至否认男人的价值。"大女子主义"在一定程度上反映了女性对"大男子主义"压迫的对抗，是妇女追求解放的一种表达方式。

事实上，"大女子主义"是"大男子主义"的翻版，与"大男子主义"的本质是一样的，都是至高无上、唯我独尊等典型特征的体现，是以"自我为中心"、歧视对方、缺乏基本的平等与尊重意识的思想、言论和行为方式，两者都违背了我国婚姻家庭男女平等的基本原则，是新时代家庭美德建设的不和谐因素。所以，"大女子主义"与"大男子主义"都是必须反对的。

（3）构建"双性化"理想气质的人。心理学研究指出：人类最理想的气质模式是"双性化气质"。"双性化气质"是指一个人同时具有男性气质和女性气质的心理特征，即集男女两性优秀心理品质于一身，既有男性的刚强、勇敢、果断、自信，也有女性的温柔、细心、善良、敏感等特征。具有双性气质心理和行为特征的人，既独立又合作，既果断又沉稳，既敏感又豁达，既自信又谨慎，具有更好的社会适应能力和人际关系的协调能力。

国内一项关于大学生性别角色的调研结果显示，33.0% 的被调查大学生显示为双性化性别类型，而男性化比例和女性化比例分别仅占 18.5% 和 18.3%，未显示明显性别类型的未分化大学生比例则占到了 30.3%。可见，性别的单性化已成为少数人群。"独立、爱冒险、竞争性强……"这些男性气质不再是男生的专利，一个人拥有某种程度男性化特征的同时，也可能拥有某种程度的女性化特征。

美国心理学家调查也发现，近 40% 人的心理气质是双性的，这说明两性生来就具有双性化基因。这就是说，一个刚强的男人也可以具有内在的温柔，一个温柔的女人也可以具有内在的刚强。众多研究表明，双性化者兼有男性和女性较为优良的品质，往往具有更强的社会适应能力。一个人越是蕴含异性气质，在人性上就越丰富，在人格上就越完善。

美国心理学家调查还发现，过于男性化的男孩和过于女性化的女孩，其智力、体力和性格的发展常有所欠缺，智商、情商也不如具有双性化气质的孩子，具体表现为综合学习成绩不理想，尤其是偏科现象严重，缺乏想象力和创造力等。相反，双性化气质的孩子却大多发展全面，文理科成绩都较好，成年后的适应能力和创造能力也都较强，在竞争激烈的现代社会更具优势，在心理上更健康、更快乐。因此，不少教育专家提出，应尊重天性，适度培养孩子的"双性化气质"。

心理学家桑德拉·贝姆在 20 世纪 70 年代早期就提出：一个

更协调的人，可以有效融合男性化和女性化两种行为。实际上，双性化气质比那些性别类型极度男性化或极度女性化的人更快乐，心理调适能力也更强。"双性化"性格既是社会发展对人们的要求，也是个体心理健康的重要标志。

而今流行的"暖男"，就是指突破了传统男性只刚不柔的角色定型，像煦日阳光那样给人温暖感觉的男子。他们有工作，通常又顾家爱家，懂得照顾妻子，爱护家人。他们在给家人和朋友带来温暖的同时，自己也获得了人生的圆满。

性别平等并不意味着拒绝多元化，而是要在尊重自然性别特征前提下平等发展，尤其重要的是塑造人格的平等。平等决不是性别无差异，而是与性别自然属性相吻合的个性化发展。"双性化气质"正是"男性气质"与"女性气质"极端个性的补充，是个性多元化、丰富性的体现。"双性化气质"为我们每个人拓展自己的行为模式、选择范围和生活目标创造了更多的机会。

五、勤俭持家

　　勤俭持家，是我国家庭的传统美德。"勤"就是勤劳，"天上不会掉馅饼"；懒惰，即便是家财万贯，也会坐吃山空。"俭"就是节俭，靠勤劳增加收入，如果是浪费，赚来的财富也会付诸东流。

（一）勤俭持家是新时代家庭美德建设的显著标识

　　中国特色社会主义进入了新时代，人民生活水平获得了极大提高，绝大多数家庭生活已从"温饱型"向"小康型"转变，但是我们仍应该珍惜劳动果实，继承和发扬勤俭持家的传统美德。

1. 勤俭持家是中华民族的传统美德

持家谚语

传家二字勤与读，
防家二字盗与奸，
倾家二字淫与赌，
守家二字勤与俭。

　　中国人向来勤劳有素，节俭成习。没有勤劳就不会创造出灿烂的华夏文明，没有节俭，即使"家有万贯"，也会坐吃山空。中国历代的贤德之士对勤俭美德的赞扬不胜枚举。如古代有"克勤于邦、克俭于家"，"一生之计在于勤"之说；近代也有人发出"百种弊端皆由懒"的议论，就连平民百姓都相信"耐得苦，必得福"的道理，"惜衣常暖，惜食常饱"和"家有粮米万石，也怕泼米撒面"等这些散发着泥土芳香的谚语，这些都从一个侧面反映出节俭在中华民族精神中所具有的巨大作用。《论语·学而篇第一》记载，子曰："道千乘之国，敬事而信，节用而爱人，使民以时。"主张治理国家，其中非常重要的一条就是要节约财用，爱护人民，不奢侈浪费。

唐代诗人李商隐讲："历览前贤国与家，成由勤俭败由奢。"我国民间流传着许多勤俭持家的格言，如"勤是摇钱树，俭是聚宝盆"等。《诫子书》不足百字，思想深刻。"静以修身，俭以养德。非淡泊无以明志，非宁静无以致远。"至今被一些人奉为圭臬。司马光专门写了一篇《训俭示康》，指出"崇俭戒奢、劳谦终吉"。《朱子家训》中的"一粥一饭，当思来之不易；半丝半缕，恒念物力维艰"，人们今天仍然耳熟能详。俭朴是人主观上对待财富、物质生活的一种态度，也是一种精神常态。这种态度体现出对劳动的尊重，对劳动成果的珍惜。更重要的是能够培养人的一种理性的自我克制欲望的能力和精神，使人不滋生贪婪物欲，不贪图享受，少一份索取，多一份奉献。

"竹头木屑"的故事反映了中国先人的节俭美德。东晋时江西有个县吏，名叫陶侃（259年–334年）。陶侃博学多才，为人诚实，待人忠恳，清正廉洁，治政有方。他的忠诚、廉洁不断地得到朝廷的赏识，很快便由县吏升任为武昌太守。陶太守办事非常认真，不论大事小事他都要亲自过问。他为人诚恳，待人热情，官员和百姓都愿意和他交往。但陶太守对下属官吏，却要求十分严格，不允许他们损公肥私，胡作非为，浪费资财。

有一次，陶太守奉上级命令，监督制造一艘大船，不管刮风下雨，他都一定亲自到场。他要求造船的工人把每一次锯下来的木屑和太短不能用的竹头全收起来，装入袋子里，一袋一袋地存到仓库中。工人们交头接耳笑着议论说："这些竹头木屑有什么用啊，丢了得了，真是小气。"转眼间，元宵佳节来到了，府衙内要举行庆典，每一个官员都要参加。不巧的是连日来不断下雪，厅堂里泥泞不堪，走起路来非常不方便。陶太守看到这种情况，就对手下的人说："去把仓库里的木屑拿出来铺在路上。"木屑铺在路上，路变得好走多了，府吏们都说："大人真有先见之明呀。"

又过了些日子，朝廷要赶造作战用的江船，船板都锯好了，可是缺少钉子，陶太守又说："快把仓库里的竹头拿出来，削成竹钉不是正好可以使用吗？"于是，造船工把竹头削成一颗颗竹钉，作战用的江船，很快就一艘艘制造好了。大家都非常佩服陶太守，以后做事，也都效法陶侃爱惜东西的行为，把一些看似无用的小物件收起来，留做以后需要时用。

"竹头木屑"的故事，不仅是陶侃综合料理事物极其细密的表现，更是他节俭的生动体现。

2. 勤俭持家是成家立业的根基

勤俭持家是建设者的生存哲学。实际上，勤俭持家包含着物质和精神两方面的内容。在物质方面，勤俭持家的精神要求人们克勤克俭，珍惜劳动创造的物质成果；在精神方面，勤俭持家的精神要求人们艰苦奋斗，奋发向上。勤俭持家是一种积极的、健康的生活态度。《论语·学而篇》记载了弟子们谈论孔子节俭美德的小故事。子禽问于子贡曰："夫子至于是邦也，必闻其政。求之与？抑与之与？"子贡曰："夫子温、良、恭、俭、让以得之。夫子之求之也，其诸异乎人之求之与？"孔子的学生陈子禽向子贡问道："夫子每到一个国家，必定获知这个国家的政事。是他自己求得的呢，还是别人主动提供给他的？"子贡说："夫子是以温和、善良、恭敬、节俭、谦让的德行而得知国家政事的。夫子求得政事的方式，应是不同于别人求取的方式吧？"

自古以来，无论是王公贵族还是平民百姓家，都很注重勤劳节俭在治家持家中的作用。唐代李世民在《帝范·崇俭篇》中说："夫盛世之君，存乎节俭。"古代艰苦创业的圣明之君，必定保持节俭的美德，他们生活俭朴是要做到淡薄做人，节俭行事，示范国人，以达不严而治、不令而行的目的，奢侈浪费与崇俭"斯二者荣辱之端"。李世民以尧、舜和夏桀、商纣的例子来说明崇尚节俭的重要性。清代康熙在《庭训格言》中强调"勤可持家，俭可养廉"，还提出"民生本务在勤，勤则不匮"，老百姓的生活以勤为本，有了勤就什么也不会缺少。"若俭约不贪，则可养福，亦可以致寿"，如果能够勤俭节约，就能因此颐养福气，也可以使自己延年益寿。

颜之推在《颜氏家训·治家》中强调治家要注重节俭，老百姓家里的吃穿用度都是自己生产的，那些勤俭持家的人，能承担起家里的衣食所需。但他更进一步地用辩证的观点来看待节俭和吝啬的关系："可俭而不可吝也"，可以节俭但不可吝啬，如果能做到"施而不奢，俭而不吝"，那就达到要求了。朱柏庐在《朱子家训》中开篇便提到勤俭："黎明即起，洒扫庭除，要内外整洁"，"一粥一饭，当思来处不易；半丝半缕，恒念物力维艰"。"自奉必须俭约，宴客切勿流连"，"居身务期俭朴，教子要有义方"。《朱子家训》内容广泛，全书仅500多字，却在多处涉及勤俭的思想，可见作者认为勤俭是修身齐家的重要内容。

3. 勤俭持家是腐败堕落的克星

勤俭持家是腐败堕落的克星。千百年来，无数的事实证明，艰苦创业、勤俭持家，则国富民强；丢掉了勤俭持家的传统美德，贪图享乐，骄奢淫逸，搞铺张浪费，往小里说，能毁掉一个人的前程，毁掉一个家；往大里说，能使国家由强变弱，最终走向灭亡。

汉文帝躬率节俭致安宁的故事值得学习。汉文帝是中国古代的明君。他身为皇帝，自奉节俭，足以为史书增辉。汉文帝刚即位不久，有人进献了一匹千里马，他坚决不接受，并且说："我外出的时候，前面有队伍开道，后面有人马跟随，每天走路也不过 50 里，出征打仗每天只能走 30 里，我骑着千里马，一个人要跑到哪里去？"于是命人将马退还回去，并付给路费；还由此废除了由来已久的贡献制度。他下诏宣布："今后不准四方官民进献任何礼物。"

汉文帝奉行节俭，这不单是皇帝个人品质的体现，更是一种政治艺术。只有示天下以节俭，才能号令百官，不致引起民众的反感甚至反抗。有个名叫贾山的文人上书言治乱之道，对皇帝的节俭与否和家安危的关系做了历史的理论的分析。他说："秦皇帝以千八百之民自养，力罢不能胜其役，财尽不能胜其求。一君之身耳，所自养者驰骋弋猎之娱，天下弗能供也。……秦皇帝计其功德，度其后嗣世世无穷，然身死才数月耳，天下四面而攻之，宗庙灭绝矣。"汉文帝非常同意这种看法，当即让掌管皇帝舆马的太仆只留下一些必要的马匹，将其余都调拨传置，充作公用。

汉文帝时期，汉初凋敝的社会经济尚在恢复之中，一方面"失时不雨，民且狼顾"；另一方面，商人兼并农人，"衣必文采，食必粱肉"。为此，汉文帝在务本抑末的同时，大力压缩皇室的开支。他在位的 23 年中，宫室、苑囿、车骑、服御等仍维持原状，无所增益。文帝曾经想建造一座露台，召工匠设计，费用需要百金。文帝听说后大吃一惊，说："百金，中人十家之产也。吾奉先帝宫室，常恐羞之，何以台为！"于是，这项工事立即停止了。

在封建社会，一般统治者不但在生前钟鸣鼎食，穷奢极侈；即使在死后，同样是起坟修陵，挥霍百姓脂膏。帝王陵墓规模之

138

浩大、雕饰之豪华，比起他们生前所居的宫殿也毫不逊色，甚至有过之而无不及。秦始皇所建造的骊山陵墓就是一个典型例子。在这方面，汉文帝的作风陡然不同。他是中国历史上屈指可数的对薄葬身体力行的君主。

大而言之，从战国以来的动乱到汉武帝时代的繁荣鼎盛，汉文帝统治时期是个转折点；从历史发展的角度来说，到汉文帝时，汉朝社会开始进入治世，开启"文景之治"的盛世局面。而这种"海内安宁，家给人足"的局面，与汉文帝躬率节俭的良好作风自然是分不开的。

勤以习劳，劳以免逸，是生动兴旺之气象；俭以养廉，是收敛得兴旺气象的结论。一家之勤俭与否，决定其家运的兴隆更迭。大富大贵，无济于事；只有勤俭，方可长保盛美；而惰奢则必亡族。翻开历史，这种悲剧无数次地上演过。邓小平同志谆谆告诫全党："应该保持艰苦奋斗的传统。坚持这个传统，才能抗住腐败现象。"陈毅曾告诫女儿要牢记："汝是党之子，革命是吾风。汝是无产者，勤俭是吾宗。"

（二）新时代勤俭持家的基本内涵

人类发展的时代不同，社会发展的阶段不同，勤俭持家就会在原本意义基础上又有不同的时代要求和特定内涵。

1. 勤劳勤奋

勤为富足之源、德之本。一家能勤则兴旺发达，一人能勤则健康安乐，能勤能俭永不贫贱。勤劳绝非仅仅局限于聚积物质财富，而是要在生活的各个方面力戒怠惰，从身勤、眼勤、手勤、口勤、心勤五个方面来看，个人要做到黎明即起，洒扫内外，晏眠早起，戒骄戒奢。勤劳节俭是永远不会过时的。

勤劳既是对心态的锻炼，更是道德修养的完善过程，懒惰为丧身败家的恶德。明代姚舜牧（约1543年—1622年）在其家训《药言》中提到"居家切要，在勤俭二字"。袁采在其《袁氏世范》中详细论述了勤俭的必要性，他说："勤与俭，治生之道也。不勤则寡入，不俭则妄费。寡入而妄费则财匮，财匮则苟取，愚者为寡廉鲜耻之事，黠者入行险饶幸之途。"也就是说，勤俭是维持生活的根本之道。不勤奋收获就少，不节俭就会造成浪费。

习近平2001年10月在父亲习仲勋八十八岁米寿时，因公务繁忙而难以脱身，就给父亲写了封祝寿信："学父亲的俭朴生活。父亲的节俭几近苛刻。家教的严格，也是众所周知的。我们从小就是在父亲的这种教育下，养成勤俭持家习惯的。这是一个堪称楷模的老布尔什维克和共产党员的家风。这样的好家风应世代相传。"

习仲勋的勤俭作风及节俭行为给家人、邻居、身边工作人员等留下了深刻印象。"习家人节俭行为出乎人的意料。"习仲勋习惯用浴盆洗澡，每次洗完澡的水留着让孩子们再洗，然后还要用澡水洗衣服。家里厅堂的灯晚上一般很少打开，他要求房间里只要没人，一定要随手关灯。在外面散步时看见地上有烟头，他都会俯身捡起，扔到垃圾桶里。在他的影响下，家人一直保持着随手关灯、节约用纸、拧紧水龙头、自觉维护公共卫生的良好习惯，不仅儿女们一直保持着，就连孙辈们也继承了爷爷的这些好传统。

2. 节俭节约

兴国兴家，不仅需勤，还需俭。勤为竭力劳作，广开物源；俭为谨身节用，量入为出。要做到节俭，就要反对奢侈。俭以养德，俭而不吝。俭关系着家庭、社会的稳定与富足，而且也有利于人的道德品质的完善。节俭不仅是为了平安度日，其实质是对自然界物质资源的爱惜，对人类艰苦劳动成果的尊重，而非把物质财富的价值看得高于一切。《论语·八佾》记载，林放问礼之本，子曰："大哉问！礼，与其奢也，宁俭。丧，与其易也，宁戚。"鲁国人林放向孔子询问礼的根本，孔子说："你的问题意义重大啊！就一般礼仪而言，与其奢侈，宁可节俭；就丧礼而言，与其铺张浪费，宁可悲哀感情悲伤。"

自己赚的钱并不能"随心所欲"地花。把自己赚来的钱用于善行，花得就值得；把赚来的钱用于不道德的消费，或因此步入歧途，这样的消费行为就要受到道德舆论的谴责甚至法律的制裁。

时代的发展为人民发展致富提供了广阔的舞台和机遇。有些人把赚来的钱用于生产发展，用于慈善事业，用于希望工程；有些人把赚来的钱用于吃喝嫖赌，饭桌上一掷千金，赌桌上大甩钞票，私生活奢侈糜烂。居家要节俭，但节俭不可流于刻薄，不要因俭而损害了与人们交往的情意。

齐心在《我与习仲勋风雨相伴的 55 年》里写道："在仲勋的影响下，勤俭节约成了我们的家风。"孩子们的衣服和鞋袜大都是"接力"着穿，大的穿旧了，再让小的穿。齐桥桥上初中时，齐心把炼钢时穿过的一件大襟罩衫给她穿，上面有不少被钢花烫出的洞眼。齐桥桥穿过的衣服鞋袜再给她妹妹安安和弟弟近平、远平穿。回忆起这件事，习近平讲"我比较惨的就是上面有四个姐姐，只有一个哥哥。所以大部分穿姐姐的衣服。"习近平直率地说："花衣服、花鞋子，我绝对不干，但是也不得不穿。"母

尚俭格言

财源广进	俭朴节用	俭以养廉	朴以修身
勤俭传家	谨记厉行	用而不奢	俭而不吝
衣不厌旧	食不贪丰	丝缕不易	颗粒艰辛
煤水气电	生活日用	浪费可惜	节俭为荣
物力维艰	巧施妙用	变废为宝	整旧如新
有当思无	富当虑贫	细水长流	筹划精心
踊跃储蓄	存零取整	聚沙成塔	举业有成
红白庆典	礼尚往来	民风当淳	陋习须改
盛情简酌	答谢内外	电函致意	鲜花表怀
阔者抛金	滥立异规	平民拼命	攀比追随
尽倾积蓄	高筑债台	因乐招忧	苦果自摘
良风辅政	陋习伤民	移风易俗	开创新风

——国子：《立德格言》，时事出版社 2015 年

亲齐心也记得，"近平因同学笑话不愿穿女孩子的鞋子时，仲勋总是哄他说'染染穿一样'。"

3．克勤克俭

克勤克俭，就是要珍惜我们劳动创造的一切物质成果。在精神状态方面，家庭成员时刻保持艰苦奋斗、奋发向上的精神状态。

一要正确区分勤俭和吝啬。现在，人们似乎有一种误区，就是将节俭和吝啬等而视之，认为节俭就是吝啬。这种看法尤其反映在青少年的身上。在家庭生活中，我们常常会看到下面的场景。

场景一：父母将旧家具清洗清洗，继续再用。孩子见了，嘴一撇，以不满的神情说道："都什么时代了，还用这些破玩艺儿，也不嫌丢人。真是一对铁公鸡！"

场景二：奶奶将洗衣服的水留下冲马桶。孙子见了，很不以为然，对奶奶说："一吨水才几个钱，咱们家不至于连这点钱都花不起吧？"

在公共场所的消费中，我们还会看到这样的情景。

场景三：一家人在饭店用完餐，饭桌上还有些饭菜没有吃完。母亲对服务员说："请给我们拿个餐盒，我们打包带走。"孩子听了，满脸地不高兴，撅着嘴说："甭拿了，多难看，让人家觉得咱多抠门！"

场景四：有人在饭店请客。主人加客人也就是四五个人，但却点了十几个菜。酒足饭饱，客人打着饱嗝走了，餐桌上还有许多饭菜静静地呆在那儿。

上面的场景在一些地方还是屡见不鲜的。之所以会有这种认识存在，有这种现象发生，就是因为人们没有弄清节俭和吝啬的关系。

实际上节俭和吝啬有着本质的区别。节俭是当用则用，不当用则省。用，也是用得有理，用得其所；而吝啬则是当用的不用，不当用的也用。

场景一中的父母是工薪族。工薪族的特点决定了他们家的生活水平是处于一般化的状态。因此，能用的家具清洗清洗再用，而将省下的钱用在更需要的地方。这就是当用则用，不是"铁公鸡"。场景二中的奶奶也不是花不起一吨水的钱。她知道水是宝贵的，节省水就是节省有限的资源。场景三中的父母也不是枢门。剩下的饭菜放在饭店里只能是扔掉，而自己打包带走，则可以做下一顿饭的食粮。这是当省则省。场景四中的主人是知道四个人吃不了那么多饭菜的。但他明知吃不了为什么还要点那么多呢？他是怕客人说他吝啬、抠门，请朋友吃饭小气。于是，在面子的作用下，便毫不吝啬地"慷慨"了一回。结果是"当省不省"。

二要牢固地树立勤俭持家为荣、浪费为耻的观念。毛主席说："贪污和浪费是极大的犯罪。"现在，我们的国力虽然增强了，人民的生活虽然富裕了，但即便如此也不能忘记节俭。

在有的人看来，勤俭持家只是穷人的专利，有钱的人不必节俭。有钱人节俭会被人瞧不起。其实，这种想法是十分错误的。勤俭持家是一种美德、一种精神。有了这种美德、这种精神，你就会永远保持勤劳的本质，保持蓬勃向上的朝气，永远立于不败之地。丢掉了这种美德、这种精神，即使你腰缠万贯，也可能因为奢侈浪费而一败涂地。一些有识之士都能认识到这一点。因此，他们虽然身价过亿，仍以节俭为荣，浪费为耻；他们虽然身居高位，仍过着俭朴的生活。

三要勤俭从点滴做起、从日常小事做起，家长带头。勤俭持家，就要从日常生活的点点滴滴做起，不要认为浪费点儿无关紧要的。要从日常生活、工作交往中，从平常小事中做起，家长长辈更要带头做到勤劳与节俭，更要坚决反对、有效制止不道德的消费。所谓不道德的消费，说白了，就是花钱干坏事，搞歪门邪道。随着我国经济实力和综合国力的提升，人们的物质生活达到了前所未有的水平。生活富裕了，有的人便"富贵思淫欲"，开始嫖娼、赌博、吸毒等等。这种不道德的消费，甚至是违法的行为，不仅破坏了婚姻家庭的稳定，也败坏了社会的风气，甚至违犯法律，必须坚决予以反对、禁止。

（三）践行新时代勤俭持家美德新要求

虽然我国 GDP 稳居世界第二位，个人和家庭的收入不断增长，绝大多数家庭和个人已经摆脱了"绝对贫困"的状态，物质生活资料也比较丰富，但是，修身齐家、践行勤俭持家美德依然是新时代每个家庭和个人所应坚持的基本要求。

1. 树牢勤俭节约的消费观念

人的消费观念总是受一定的社会条件和家庭经济状况制约

的。一个人不能超越社会发展所能提供的条件和家庭经济的状况来安排自己的消费。如果超越，就必定导致家庭"经济危机"的发生，从而带来一系列的问题。因此，合理地安排家庭的经济生活，首先要树立适度消费的观念，使自己的消费适合社会发展所能提供的条件和家庭经济的状况。

一个人的消费观念在一定程度上能够反映他的思想道德觉悟。有道德觉悟者，在消费时，总是先考虑对国家的贡献，对人民的贡献，考虑家庭的经济情况。他们对自己的生活严格要求，但当国家有困难时，他们常常慷慨解囊；当人民有困难时，他们常常伸出援助之手。

而缺乏道德觉悟者，在消费时，则置国家和人民的利益于不顾，置家庭经济条件于不顾，只图自己生活舒适，只图自己享受。他们对别人要求"严格"，对自己却很是放纵。即使父母没有经济收入，也别想从他那里拿到一分钱；即使家中收入微薄，他也要用这有限的金钱来"供养"自己。显然，这种做法是有悖于社会主义婚姻家庭道德的。

"平语" 近人

推动能源消费革命，抑制不合理能源消费。坚决控制能源消费总量，有效落实节能优先方针，把节能贯穿于经济社会发展全过程和各领域，坚定调整产业结构，高度重视城镇化节能，树立勤俭节约的消费观，加快形成能源节约型社会。

——习近平:《在中央财经领导小组第六次会议上的讲话》（2014年6月13日），《人民日报》2014年6月14日对于一个有高尚道德追求的公民来说，他不仅在国家还处于发展阶段、在家庭经济条件不佳时，注意勤俭持家；即使在家庭经济条件比较优越时，也不会奢侈浪费。

总之，在社会主义条件下，家庭的富裕、个人消费水平的提高，必须以国家的繁荣富强为前提。只有社会经济发展了，国家富强了，各种社会福利保障事业建立起来了，才能为家庭的富裕、个人消费水平的提高奠定牢固的基础。因此，要想提高家庭、个人消费的水平，就必须要通过辛勤的劳动，为社会创造更多的财富。

勤俭持家并未过时，新时代更加需要坚持。新时代就要做到勤俭节约、适度消费。勤俭持家就是要精打细算，科学合理地安排家庭经济生活，避免浪费。首先就要不盲目攀比，不追求过度消费。在坚持量入为出原则的基础上，根据现代生活消费特点，适度的"超前消费"也不为过。但是，切忌盲目攀比，追求不合实际的过度消费，"别人有汽车，我家也得有"和"别人有别墅，我家也要有"等极端思想观念要不得。

2. 坚持量入为出的消费行为

一般说米，每个家庭的收入大体上是有数的，在安排家庭花销时，就要把这大体数量的收入列入计划之内，根据一定时期内的较稳定的收入来安排支出的项目和数量。这就是人们常说的"量入为出"。

按照这种原则来消费，既可避免透支，又能有一定的储蓄，而且日常生活也不至于捉襟见肘，从而提高了资金使用的合理性、有效性。如果违反了这一原则，就可能导致寅吃卯粮。有钱时，吃美味佳肴；没钱时，买点一般蔬菜都囊中羞涩。

一般说来，家庭的开支主要由四个部分组成：一是固定支出，如水电费、电话费、房租、停车费、物业费等；二是必要支出，如伙食费、教育费、书报费、卫生费等；三是机动支出，如购物费、社交费、零用钱等；四是大项支出，如购大件商品彩电、电冰箱、空调等。

在家庭收入已经基本确定的前提下，应该有计划地做到科学开支。除去正常的、必要的开支外，节省下来的钱用于储蓄，可以解决燃眉之急，也可以帮助亲朋好友，也可以支援国家社会主义现代化建设。在人们的日常生活中，夫妻计划家庭开支的办法很多，但比较普遍的方法是"收入公开、统一计划"。所谓收入公开、统一计划，就是夫妻两人将每月所得，包括工资、奖金、额外收入等，全部拿出来，作为共用资金。而在支出方面，将家用、储蓄、购置、各人零用等作出统一的计划和安排。这样，双方不仅可以对家庭的经济情况一清二楚，而且夫妻还能不分彼此，同心同德，齐心协力地为家庭建设出力。

"平语"
近人

中华民族的先人们早就向往人们的物质生活充实无忧、道德境界充分升华的大同世界。中华文明历来把人的精神生活纳入人生和社会理想之中。

——习近平：《在联合国教科文组织总部的演讲》（2014 年 3 月 27 日），《人民日报》2014 年 3 月 28 日

3. 不断增加精神消费

家庭建设既包括物质追求，更包括精神文化追求。从一定意义上，根本的建设还是家庭对精神文化上的追求和建设，家庭成员要不断增强精神文化消费，才更能体现家庭幸福和美满。

为什么有的人、有的家庭物质生活越来越好了，而人的幸福感和家庭幸福指数却越来越低了。我们要知道，家庭幸福既包括物质追求也包括精神追求，凡是以物质欲望满足为标准的幸福，都不可能是持久的。比如，没有汽车的人得到一辆汽车，可能第一个月幸福，第二个月幸福，一年后还幸福，但随着时间的流逝，这种拥有汽车的幸福感也许就逐渐消失没有了。房子也是一样，大房子不一定会给人持久的幸福。要知道，满足物质欲望的幸福受生理的限制，总是有限度的，而道德的追求和精神的追求，则是没有止境的。《礼记·大学》中说"止于至善"，但什么是"至善"，谁也不能给"至善"一个标准，所以道德追求是无止境的。

新时代要不断地适当增加精神消费的比重。现在有一些家庭，各式家电一应俱全，居室装修得富丽堂皇，就是看不到报刊、书籍。单纯考虑物质上的满足容易引起精神上的空虚。在物质条件得到基本满足之后，我们应该及时调整消费结构，把精神消费、文体消费提到重要地位，把一部分资金投放到购买书籍、家庭成员继续教育上，投入到家庭成员健康的家庭体育活动上，不断丰富家庭文化体育生活。

增加文化产品消费，不断提升人民精神道德境界，这就需要生产好的文艺作品，"不让廉价的笑声、无底线的娱乐、无节操

149

的垃圾淹没我们的生活"。2016 年 11 月 30 日，习近平总书记在中国文联十大中国作协九大开幕式上指出："文艺是铸造灵魂的工程，承担着以文化人、以文育人的职责，应该用独到的思想启迪、润物无声的艺术熏陶启迪人的心灵，传递向善向上的价值观。广大文艺工作者要做真善美的追求者和传播者，把崇高的价值、美好的情感融入自己的作品，引导人们向高尚的道德聚拢，不让廉价的笑声、无底线的娱乐、无节操的垃圾淹没我们的生活。"

要培育新型文化消费模式来满足广大人民的精神文化消费。2018 年 8 月，习近平总书记在全国宣传思想工作会议上指出："要推动文化产业高质量发展，健全现代文化产业体系和市场体系，推动各类文化市场主体发展壮大，培育新型文化业态和文化消费模式，以高质量文化供给增强人们的文化获得感、幸福感。"

4. 勤俭养廉兴家兴国

俗话说："勤生廉，懒生贪。"这是有一定道理的。试想一个艰苦奋斗、勤劳俭朴的人，他怎么会去铺张浪费、用公款大吃大喝呢？在这方面我们革命老前辈毛泽东、周恩来等清正廉明的一生就足以证明。事实上，廉洁作风不可能睡上一觉睁开眼就来了，它是在日常生活工作实践中点滴养成的。一个人勤俭观念淡薄，某些奢侈的生活方式就会乘虚而入。生活中被奢侈之风吹昏了头脑、吹散了"筋骨"的也不乏其人。

勤俭持家是腐败堕落的克星。历史上，位居"麒麟阁十一功臣之首"的霍光治家值得深思。霍光是西汉名将霍去病的异母弟，历经汉武帝、汉昭帝、汉宣帝三朝，秉持朝政前后达20年，为汉室的安定和中兴建立了卓越功勋。应该说，作为具有深谋远略的一代政治家，霍光也曾十分注重自身的政治和道德修养，然而他终究摆脱不了"君子之泽庇荫后世"思想的束缚，未能教育、管理好自己的子女和家庭。他过世后第二年，霍家即因谋反被族诛，以至于班固在《汉书·霍光传》中为其留下了"不学亡术，闇于大理"的历史评价。

像霍光家族这样的悲剧不唯在历朝历代，甚至于今天都在不断上演。我们这些年所揭发出来的大大小小的"老虎"和"苍蝇"

"平语"近人

大力加强反腐倡廉教育和廉政文化建设。我国历史上，历朝历代的统治者为了维护自己的统治地位，都高度重视道德建设特别是为政者的道德建设。古人认为："才者，德之资也；德者，才之帅也。""为政以德，譬如北辰，居其所而众星共之。"所以要"格物、致知、诚意、正心、修身、齐家、治国、平天下"。中国历史上形成和留下了大量这方面的思想遗产，虽然这里面有封建社会的糟粕，但很多观点至今仍然富有启发意义。比如，"政者，正也。子帅以正，熟敢不正"，"富贵不能淫，贫贱不能移，威武不能屈"，"克勤于邦，克俭于家"，"儆戒无虞，罔失法度。罔游于逸，罔淫于乐"，"直而温，简而廉"，"公生明，廉生威"，"无教逸欲有邦，兢兢业业"，等等。对此，我们要坚持古为今用、推陈出新，使之成为新形势下加强反腐倡廉教育和廉政文化建设的重要资源。

——习近平：《在十八届中央政治局第五次集体学习时的讲话》（2013年4月19日），《人民日报》2013年4月20日们，昙花一现的"暴发户"们，又有几个传承了良好的家风、家教，真正做到了"正心、修身、齐家"呢？

毛主席曾向党的高级干部推荐过几本书，其中便有《霍光传》。联想到毛主席反复强调的"要认真看书学习，要管好自己的子女"这两条意见，就不难看出其深意。毛泽东说："贪污和浪费是极大的犯罪。"贪图享乐、骄奢淫逸、铺张浪费，往往成为贪污腐败的前兆。邓小平讲："应该保持艰苦奋斗的传统。坚持这个传统才能抗住腐败现象。"

5. 实行红白事文明节俭

新时代家庭要有新气象。文明节俭的婚丧嫁娶，构成新时代家庭美德的重要内容。习近平总书记 2017 年 12 月 28 日在《走中国特色社会主义乡村振兴道路》中指出："现在，农村一些地方不良风气盛行，天价彩礼让人'娶不起'，名目繁多的人情礼金让人'还不起'。一些地方农村出现了'因婚致贫'现象，儿子结婚成家了，父母亲成为贫困户了。乡村是要有人情味，但不能背人情债，要在传统礼俗和陈规陋习之间画出一条线，告诉群众什么是提倡的，什么是反对的。要旗帜鲜明反对天价彩礼，旗帜鲜明把反对铺张浪费、反对婚丧大操大办、抵制封建迷信作为农村精神文明建设的重要内容，推动移风易俗，树立文明乡风。要发扬红白喜事理事会、村规民约的积极作用，约束村民攀比炫富、铺张浪费的文明新风。"朱德在《勤俭持家》中说："我们应该在全国人中造成一种崇尚节俭的风气，日常生活、一切婚丧嫁娶和人情往来,都要力求简朴和节约。"

当前普遍存在的现象就是红喜事大操大办。在一些家庭中,尤其在农村和大城市的一些地方,大操大办的红喜事让父母外债累累。另外一个现象就是白丧事大操大办。子女孝敬父母,更多的在于生前而非去世后。

结合新时代乡村振兴战略,有针对性地开展红白事文明节约工作。红白事文明节俭工作的推动关键在基层党委政府,结合本地实际,按照经济发展情况,及时研究出台红百事文明节俭的指导意见和规范党员干部红白事办理有关事项的文件规定,明确责任、标准,用制度、规矩约束党员干部行为,从而带动良好民风的养成。发挥基层党员干部模范带头作用,带头严守地方出台的办红白事各项要求,带头签订文明办红白事公开承诺书,带头做到不搞封建迷信,不遵循传统陋习,红白事不大吃大喝、大操大办,不接受不该去的红白事,随份子钱也要按照相关标准,不得随重礼,不得索要"天价彩礼",并主动约束家人和教育引导亲属、朋友,坚决抵制红白事各种陋习。要加大对基层党委政府铺张浪费、奢靡之风和党员干部不文明操办红白事,借红白事之名大肆敛财等违规违纪行为的监督,用好监督"利剑",保障基层党委政府和党员干部带头作用的发挥。

面对基层政府在红白事方面没有执法权、缺乏合适介入渠道的现状,必须特别注意介入的方式方法,不能采取一刀切等粗暴办法,要结合实际、因地制宜,适时引入民间组织力量,激活民间组织的主动性和积极性,通过日常了解去掌握群众的心理需求,利用侧面引导去帮助群众解决实际问题，避免直接触及红白事习俗，在政府与群众之间建立缓冲地带。

当前一些农村是"天价彩礼"、大操大办、婚闹频出、厚葬薄养等不良习俗滋生的土壤，很大程度上是精神贫瘠造成的，因此，基层政府应加强对农村文化软件和硬件的建设，积极争取人力、财力的支持，一手抓物质文明建设，一手抓精神文明建设，全面提升农村群众的整体文化水平和素养，尽量让每一位农民群众都享受到"文化福利"。加强农村文化阵地建设，加大文化设施投入力度，新建、改扩建文化大舞台、农家书屋、村文化广场、文化站点等公共文化服务设施；增加健身器材、科普书籍、名著等，并做好定期维护；结合各村特色，高标准建设符合村传统文化的村红白事待客厅，在墙壁等醒目位置喷绘勤俭节约历史故事等，在硬件上保障农村文化活动的开展。要着力发挥农村文化阵地作用，定期组织文化建设活动，比如，读书交流活动、农技培训活动、才艺比赛等，设定奖励，鼓励农村群众踊跃参与。

以"三下乡"即送文化、送科技、送卫生下乡为抓手，组织各成员单位根据各自职能，通过组织志愿者、开设咨询台、发放宣传资料等积极参与活动，为广大农民群众送去国家政策、戏曲文化等，进一步丰富、充实群众的农闲时间。开展相关科技人员下乡，把科学知识、生产技术传授给农村群众，破除殡葬等涉及的封建迷信，遏制宗教势力扩大，提高农村群众技术水平。开展医疗卫生人员下乡活动，培养基层卫生人员，保障农村群众健康。

六、邻里互助

　　邻里互助是新时代家庭美德建设不可缺少的内容。邻居虽然不是家庭成员，没有家庭成员之间的姻缘和血缘关系，但是，中国人向来注重人情和友情，邻里之间往往抬头不见低头见，邻里之间因为长久的相对固定的居住而形成了比较稳固的地缘关系，而且，和睦互助的邻里关系也会深刻地影响着一个家庭内部的团结和睦。中华民族具有重视邻里关系的传统，认为"远亲不如近邻"，"邻里好，赛金宝"，把和睦互助的邻里关系看得比黄金还重要。从现实的家庭之间关系来看，和睦互助的邻里关系不仅为自我家庭创造和谐安宁的生活环境，还有利于营造和谐、健康、稳定的社会交往环境。

　　从古至今，城乡居民组织的名称尽管时有不同，人们的生产方式和生活方式也发生了重大变化。随之而来的，邻里关系也不断有了新的内容和特点，呈现出时代变迁的烙印。但是，无论如何，只要人们不离群索居，就仍然要在街坊村落之中和左邻右舍之间同其他人和其它家庭发生邻里关系。这种关系是客观存

经典名句

五家为邻，五邻为里。

——《周礼·地官·遂人》

在的，不可摆脱的；相互关系可能是融洽，也可能有时是冷漠的，也可能一时是相互不知的，而邻里互助就是这种关系中的一个积极因素。

邻里互助是良好邻里关系的反映，是新时代家庭美德的重要标志。邻里关系，是以居民为身份，以地缘为依据，以家庭之间联系为直接表现形式。共同的自然地理环境和公共生活条件构成现实邻里关系的客观基础。

（一）邻里互助提升新时代生活品质

邻里互助，是中华民族的一个优良传统，是新时代坚持和发展中国特色社会主义的必然要求，是社会主义核心价值观对文明家庭建设的具体要求。

1. 邻里互助是中华民族的传统美德

自古以来，我国就有邻里和睦相处、互助互济的风尚。《论语》中有《里仁》篇："子曰，里仁为美。择不处仁，焉得知？"《书·蔡仲之命》记载："睦乃四邻"。这成为古代处理邻里关系的一项道德准则。《诗经·谷风》记载"凡民有丧，匍匐救之"，描述了当时一位普通妇女在邻里遭遇凶祸时尽力救助的生动形象，表现我国古代劳动人民团结互助的精神。这种精神、风尚在民间代代相传，历久不衰，成为中华民族的道德传统。

经典名句

百万买宅，千万买邻，人生孰若安居之乐？

——宋·辛弃疾《新居上梁》

根据我国古代宋季雅置

宅择邻的故事，在民间还流传"千万买邻"的佳话。《南史》卷五十六《吕僧珍列传》记载：初，宋季雅罢南康郡，市宅居僧珍宅侧。僧珍问宅价，曰"一千一百万"。怪其贵，季雅曰："一百万买宅，千万买邻。"及僧珍生子，季雅往贺，署函曰"钱一千"。阍人少之，弗为通，强之乃进。僧珍疑其故，亲自发，乃金钱也。遂言于帝，陈其才能，以为壮武将军、衡州刺史。将行，谓所亲曰："不可以负吕公。"在州大有政绩。

梁武帝很欣赏吕僧珍的才干。有一次，吕僧珍请求梁武帝让他回乡扫墓。梁武帝不但同意，而且任命他南兖州刺史，让他光耀一下门庭。吕僧珍到任后，不徇私情，秉公办事。因公会客时，连他的兄弟也只能在外堂，不准进入客厅。一些近亲，以为有了吕僧珍这样的靠山，可以不再做买卖，到州里来见他，以谋取一官半职。吕僧珍耐心说服他们回去，继续做自己的小生意。

吕僧珍住宅的前面，有一所他属下的官舍，平时出入的人很多。有人建议他要那个属下到别处去办公，把官舍留下来住。吕僧珍严词拒绝，表示决不能把官舍作为私人的住宅。

吕僧珍这种廉洁奉公的高尚品德，受到了人们的称颂。有位名叫宋季雅的官员告老还乡到甫袁州后，特地把吕僧珍私宅邻家的一幢房屋买下来居住。一天，吕僧珍问他买这幢房子花了多少钱，宋季雅回答说："共花了一千一百万。"吕僧珍听了大吃一惊，反问道："要一千一百万，怎么会这么贵？"宋季雅笑着回答说："其中一百万是买房屋，一千万是买邻居。"吕僧珍听后想了一会儿才明白，跟着笑了起来。

　　隋朝李士谦和睦邻里的故事也值得学习。李士谦，字子约，赵郡平棘（今河北赵县）人。他博览群书，学问精深，善天文术数，然淡于功名，不求闻达，安居乡里。李士谦幼年丧父，为母养大，待母极孝顺。一次，其母亲生病呕吐，怀疑是食物中毒。他跪在地上遍尝呕吐之物，以确定真相。北魏广平王元赞闻其孝名，征召他为开府参军事，当时其年仅12岁。后来其母去世，他长期服丧，哀痛难禁，不思饮食。朝廷多次征其为官，均被推辞，自此终生不仕。

　　李士谦的家庭极为富有，本人却非常节俭。并且乐善好施，不惜倾囊为邻里排忧解难。州境之内有人无力办丧事，他立即赶去资助。当地受灾，田里歉收，他出粟数千石，贩济乡人。第二年收成仍不好，借债者无力偿还，登门道歉，他说："我家多的米，本来就是为了馈赠给别人，难道是为了利益吗？"于是，召来全部债家，设酒席招待他们，当众烧毁所有借据，说："债务不存在了，请你们不要老想着还债了。"次年，当地大丰收，债家争相还债，李士谦坚决拒之，一无所受。他年又遇大饥荒，饿殍多有。李士谦倾尽家资，熬粥赈灾，赖以生还者数以万计。乡间遗尸，他都收留埋葬。至春季青黄不接时，又出粮济贫，并且准备种子，分送贫苦农民。赵郡农民感动万分，看到小孩子，就说："这是李参军赐给我们的恩惠啊。"

　　李士谦一生和睦邻里。乡间有人放牛疏忽，牛闯入李家田地，践踏禾苗。李士谦不但不怒，反而将牛牵至阴凉处，以上好饲料喂之，精心照料，甚于牛主人，其后设法还归本主。农民有贫困无存盗其庄稼者，他看见后，默不作声，避而远之，任其所为。其家童曾经捉住一名盗割庄稼者，李士谦非但不处罚，还对家童说："贫穷受困所以才做偷盗了，咱们就当是做了件仁义事，不用对他进行责罚了。"命人放他回家。有兄弟两人分家不均，争执不下。李士谦听说后，出资补其少者，使之与多者相等。兄弟皆惭愧不已，于是互相推让，从此和好如初。李士谦的行为感动了当地百姓。李士谦66岁时殁于家中。赵郡百姓闻之，无不为之落泪，参加其葬礼者有上万人，乡里人相与在其墓地为之树碑。许多人向李士谦家属馈赠钱物，其妻范氏说："他平生好施，今虽殁，安可夺其志哉！"所有馈赠，一无所受，还拿出500石粟济贫。李士谦在当时的背景下，能够尽其所能，帮助穷人，周济邻里值得称道。

2. 邻里互助方便人们的日常生活

古人在强调处理好家人之间的关系以使家庭和睦的同时也非常重视邻里之间的关系。宋人袁采在《袁氏世范·治家》中提到要"睦邻里以防不虞"，"居宅不可无邻家，虑有火烛，无人救应"，"又须平时抚恤邻里有恩义"。邻里之间应该互相照应，平时要善待乡邻，建立和睦的邻里关系，这样在危难之时邻里才会帮助自己。历史上有"江南第一家"之称的"郑氏义门"，沿袭900多年，其《郑氏规范》提出子孙"当以和待乡曲，宁我容人，毋使人容我"。子孙应以和气的态度对待左邻右舍，宁愿自己宽容别人，而不要让别人来宽容自己。明代庞尚鹏著有《殷鉴录》、

《庞氏家训》，告诫子孙和宗族、乡邻、亲友相处的时候必须和平气顺、和颜悦色，要宽容待人，常常反省自我，宁可人负我，不愿我负人。

常言道："远亲不如近邻。"亲戚虽然具有血缘、姻缘关系，但要是居住的距离远的话，在你需要帮助的时候，也是远水解不了近渴。邻里虽然没有血缘、姻缘关系，但地缘关系却能把彼此联系在一起。当谁家有困难，适时伸出援助之手，是很便利的事，能极大提升人们生活安全感、舒适性。

日常生活时，更能够提供及时救急。在家庭生活中，有时会出现某些临时的需要或者意外事故，如急需小额钱款或使用某种物品，临时接送小孩上学、放学，突然受伤或发病，歹徒入室抢

道德案例

被朱元璋赐以"江南第一家"美称并在此后屡受旌表的郑氏家族，因其孝义治家的大家庭模式和传世家训《郑氏规范》，奠定了其在中国传统家训教化史上的重要地位。

《郑氏规范》是郑氏一族的家规。它的完善经过了三个阶段，有58则、92则至168则，日臻成型。作为郑氏家族管家治家的法宝，《郑氏规范》将儒家的"孝义"理念，如数学公式般转换成操作性极强的行为规范。其内容涉及家政管理、子孙教育、冠婚丧祭、生活学习、为人处世等方方面面，堪称世上最齐全的家庭管理规范。其精华有三：一是厚人伦，崇尚孝顺父母、兄弟恭让、勤劳俭朴的持家原则；二是美教化，开办东明书院，注重教育，且教子有方；三是讲廉洁，从家庭角度制约为官者"奉公勤政，毋蹈贪黩"。

劫，发生水、火、地震灾害，等等，尤其是当有些紧急情况发生在上班后时间或夜里时，由于人们远离单位集体，来不及向同事和亲友求助，只能争分夺秒依靠邻里的就近帮助。这时，邻里"雪中送炭"的援助，就能在关键时刻为自己排忧解难。

3. 邻里互助促进人们的身心健康

社会的发展加大了家庭成员与亲属间的空间距离，同时为邻里互助提供了客观需求。人们除了上班，每天接触最频繁、交往最多的还是生活在同一区域的居民，必须面对邻里关系。良好的邻里互助关系，增加人们沟通的机会，丰富人们的交往关系，提升人们开朗的性格，有利于人的身心健康，有助于培育人们关心集体、助人为乐的良好道德品质。否则就会影响个人身心健康，影响家庭关系，甚至对社会和谐稳定造成不良影响。

魏敬益毁契还田的故事值得我们学习。元朝雄州容城（今河北省容城县）有个叫魏敬益的人，心地很善良。魏敬益家原有田六顷，后来又买了十顷，共有十六顷。他心里很高兴，觉得在自己入土之前，为儿孙们置了不少产业，子孙后代可以免受饥寒了。

有一天，魏敬益出外访友，碰上一些卖田的农民，但见他们一个个愁眉苦脸，唉声叹气，便问他们有何难事。农民们说："日子没法过啊！光靠当长工，怎能养家糊口？从前自己有块田，好赖总有些收成。自从把田卖了，一点指望也没有了。"

魏敬益听完，深感内疚。他一连几天吃不好饭，睡不好觉，反复思虑着：自己为儿孙买田置地，却使许多人家失去了赖以谋

161

生的土地，他左思右想，最后毅然否定了自己的做法。

魏敬益把儿子叫到跟前，对他说道："自从我买了附近村庄的十顷田，那里的农民都不能自给了，我很同情他们，后悔不该买这些田，使他们失去了生活的依靠。现在我准备将这些田退还原主。你只要谨守余下的田地，仍然可以生活得很好。"

儿子不高兴地说："买田给钱，又不犯法。卖田的人不卖也穷，哪能管那么多？"

魏敬益严厉地说："我们不能只顾自己。眼看着乡亲们忍饥挨饿你能忍心吗？为父决定这样做了，为世人积德。有出息的，将来会自食其力的。"一席话，说得儿子哑口无言。

魏敬益把卖田的农民召集到自己家里，对他们说："我买了你的田地，使你们失去了生活的来源，很对不起你们。为了补救我的错，请让我将这些田地退还给你们。"

众人一听魏敬益说出退田的事，十分惊愕，不知说什么好。众人都是贫苦农民，因为天灾人祸，才出卖自己的一小块土地。因此互望着，都不明白魏敬益的意思。

魏敬益见大家面有难色，便诚恳地说："我将田地退回原主，是一片真心，请乡亲们不必过虑。我知道大家日子都很艰难，卖地钱不要你们偿还分文。"说罢，将地契拿出来，当众销毁。众人见他真是诚心退田，一个个眉开眼笑，千恩万谢而去。他们回到村里，互相庆贺，都说田地回了家，多亏魏善人。为了报答魏敬益，村民们举两位长者领头，齐到县里，要求表彰魏善人的义举。

容城县知县听说此事，便命人将此事整理成文，上报中书省，求朝廷加以旌表。丞相贺太平见了雄州容城报来的材料，不禁赞说："世上竟然有这样的人！"

4. 邻里互助推动社会和谐

邻里是家庭的延伸和扩展，是浓缩的小社会。邻里关系是社会关系的具体化。邻里关系不仅仅反映社区居民的精神面貌以及他们对所在社区的认同感和归属感，而且更能反映出一个社会成员的整体精神状态，反映出社会风气和社会的道德水平。因此，良好的邻里关系能够最大限度地消解社会的不稳定性，促进社会和谐稳定。

新时代，邻里互助缓解小区养老，提升社区老人生活品质，缓解社会养老，弘扬互助精神。比如，2014 年，上海市委将"创新社会治理、加强基层建设"列为一号调研课题，将加强社区建设放在更为重要的位置。淮海中路街道东起西藏南路、肇周路、西至重庆南路，同时，仍有建筑面积达 28 万平方米的二级以下旧里。全街道 20 个居委中 18 个存在石库门建筑，约有居民 1.5 万户。淮海中路社区是一个老龄化程度较高的社区，60 岁以上户籍老人 25663 人，占总人口的 26.88%，实际居住老人 12107 人。以邻里社区老人生活需求为纽带，以邻里互助为宗旨，依托门前屋后的天井、弄堂等公用空间及老人们自家居所，适宜、适时、适度地开展聊天交流、读书读报、文体娱乐等活动，互相关心、互相帮助、互相慰藉，为枯燥、乏味、寂寞的老年生活增添了一抹靓丽的"夕阳红"，探索出了一条依托小区邻里互助，有效缓解养老问题，助推了社会和谐，满足了老人对美好生活的向往与追求。

目前，淮海中路街道的邻里点发展已经经历了创始发起（2005 至 2006 年）、数量发展（2007 年至 2009 年）、质量提升（2010 年至今）三个阶段。街道现有邻里点 85 个，参加人数 800 余人，其中，聊天型邻里点 34 个、学习型邻里点 26 个、兴趣型邻里点 17 个、文体型邻里点 8 个。目前，有 10 名以上成员的邻里点已发展为 35 个，占邻里点总数的 41.2%，其中，人数最多的由 30 多人组成；每周开展活动不少于 1 次的邻里点有 80 个，占 94%。其中，基本每天开展活动的 38 个。邻里点的老人们还以老年协会为纽带，坚持在每月 20 日"社区志愿者服务日"开展"以老为老"的综合服务，提供测血糖、理发、修鞋、修雨伞、修补羊毛衫等 10 余项无偿服务项目，至今已服务近 8 万人次。

（二）邻里互助的内涵

邻里互助，其内容主要是家庭、亲友、邻里间的生老病死、衣食住行，主要也是在保障人们这些日常生活事宜方面发挥积极地保障作用，旨在构建邻居之间能够和谐相处、有效协调矛盾的邻里关系，营造健康向上的文明社区，促进家庭文明建设和社会公德建设。

1. 助邻为乐

日常生活中，谁家都有遇到困难的时候，一家有难，大家都要伸出手来帮助。对待邻里，要怀一份爱心，待人接物胸怀坦荡、淳朴真诚。邻里有困难要尽力相助，不要视而不见、漠不关心，对邻居老人和孩子需要帮助时，要给予更多的关照和爱护，真正做到"爱人者人恒爱之，敬人者人恒敬之"，不要"只扫自己门前雪，不管他人瓦上霜"。

郑州陇海大院感动中国 2014 年的故事真实地诠释了新时代邻里互助的内涵。2014 年"感动中国"给予"陇海大院"

郑州陇海大院感动中国 2014 年 来源：魅力河南网

的颁奖辞："一场爱的马拉松，长跑三十九年，没有终点。在一座爱的大院，满是善良的人，温暖的手，真诚的心。春去春回的接力，不离不弃的深情。鸽子飞走了还会回来，人们聚在一起，就不再离开。"

陇海大院其实是郑州市二七区的一个普通老院落。陇海大院里有这样一群平凡的人，39 年如一日接力照顾高位截瘫者高新海。陇海大院事迹感动着高新海、感动着中原、感动着中国。39 年来，入院的父老乡亲一直照顾高位截瘫的高新海——洗澡、理发、端屎端尿……今年 64 岁的高新海历经了人生诸多苦难。1976 年在农场插队时，突患急性横贯性脊髓炎致高位截瘫，胸部以下完全失去知觉。随后，命运的打击接踵而来。1983 年，家里的顶梁柱

165

二哥因病去世；1987 年，母亲患结肠癌；1997 年，大哥患肺病；2005 年，父亲患上老年痴呆；2008 年，高新海的父母相继去世，留下高新海孤零零一人。

"乡亲们一直不离不弃，支持我。"高新海说，看病、康复、报销、工伤认定、照顾起居等，每一个环节，邻居们都争着伸出援手。39 年，最初援手的邻居们有的年事已高，没有能力继续照顾高新海，他们的后代就接下爱心火把，从未间断。

见过高新海的人，无不被他的笑容所感染，那是发自内心的幸福的笑、自信的笑、乐观的笑。生病几年后，上半身终于能活动了，闲不住的高新海但凡有精力，总要回报邻居做些力所能及的事。"他们帮我，我也能帮助他们了！"谈到这些，高新海有些兴奋。

感动中国 2014 年度候选人物开始评选后，陇海大院被网友们赞为"最向往的爱的大院"，最后以 690 多万票荣登感动中国 2014 年度候选人物榜首。

颁奖盛典开录后，"陇海大院"短片刚一放完，高新海和他的小伙伴们还未登台，观众席中已爆发出热烈的掌声。

主持人白岩松特意卖了一个关子："现场做个调查，年龄还没有 39 岁的请举手。"大多数年轻观众举起了手。"今天讲的这个故事，比你们都大。"白岩松卖的关子引起现场阵阵笑声。当大家听到高新海坎坷的身世后，无不为他揪着心。播放的短片里有一张老照片，20 多岁的高新海一脸笑容灿烂。但看到随后上台的高新海，大家揪着的心终于放下。虽然坐着轮椅，但在邻居们簇拥中的高新海眉宇间依然是阳光、乐观的笑。

白岩松说："这是高新海和他的小伙伴们。""小伙伴"说得很贴切，在舞台上陪高新海录制节目的周喜荣，是他的老邻居了。周喜荣在医院工作，在陇海大院已经53年了。平时主要是给高新海打打针、换换药，做一些力所能及的事。高新海叫她小荣，她叫高新海三哥。

任韬是周喜荣的儿子，叫高新海三伯，从小就被妈妈抱着去高新海家，至今已有26年。不知从什么时候起，任韬就开始和陇海大院的其他人一样去陪高新海聊天、看电视。"多少年了，我们陇海大院的精神就是这么不知不觉地自然传承下来。"任韬说。还有65岁的樊石头，自从退休后，每天早晨7点、下午2点准时到高新海家里"报到"，帮他穿衣、上厕所、洗澡、做饭等，比"金牌保姆"还心细。57岁的常思军是一名人民警察，还在一线工作。每天下班后，只要有时间总要跑来帮衬会儿，高新海有什么事，他第一时间协调联络好，几乎是"金牌联络员"。每年的年夜饭到高新海家吃，是这个大院多年的传统了。高新海说："不光是年夜饭，遇到世界杯等大赛时，我家也是邻居们聚在一起看球的地方，其实，我知道，邻居们就是为了陪陪我，怕我寂寞，跟我说说话。"

听完这个大院的故事，白岩松感动道："这个大院是所有人心里向往的爱的大院！"

小伙伴陪高新海游鸟巢逛天安门。当天节目录制现场，虽然在台上的只有5个人。其实，在观众席上还坐了近20位陇海大院的父老乡亲。白岩松专门招呼大家一起上台，照了一张爱的全家福。社区主任井勇说，高新海当年生病来北京治疗过，根本没有时间与心思转转天安门等地方。这次，趁着到北京录制节目，大院的父老乡亲决定一起陪高新海转转。年轻时候的高新海爱好体育，踢球非常棒，是优秀的守门员。北京鸟巢等地也是他一心向往的地方。所以，大家合计着，要给高新海一个惊喜，陪他逛逛天安门、鸟巢。高新海感慨，这样的好邻居，不，这样的亲人，是他一辈子、下辈子、下下辈子都要一起陪伴的亲人！

2. 宽容大度

邻里朝夕相处，难免会有利益纠葛，言语交锋。当矛盾发生时，邻里双方都要宽容大度，不要斤斤计较。邻里之间"低头不见抬头见"，打交道总比别人多，产生矛盾的机会也多。一旦出现分歧，要心平气和，礼让为重，切不要大动肝火，剑拔弩张，而应本着平等互谅和"大事化小，小事化了"的原则来处理，不要得理不饶人，更不能无理取闹。

为人宽容，就能解人之难，补人之过，扬人之长，谅人之短；为人宽容，就能赢得友谊，获得更多的朋友。宽容是高尚的，但要做到宽容，却不是一件容易的事。我们也常看见一些邻里，为了鸡毛蒜皮的小事，就"口诛笔伐"，甚至大动干戈。对于他人的过失冒犯，也是念念不忘、"铭刻在心"，这很不值得。

古代圣人孔子的一句话，可以使我们更好地理解如何做到宽容。孔子学生子贡问："有一言而可以终身行之者乎？"孔子说："其恕乎！己所不欲，勿施于人。"恕，如心也，也就是将心比心。对于每个人的处境，我们都应该尽可能地增加一点体会，做到感同身受。事实上，也只能是一点。毕竟，很难完全、彻底、如实地体会。可是，当我们多体会那么一点时，就会知道，很多事情的确是无法苛责的。在家庭邻里之间，如果你突然觉得不满乃至愤怒，往往都是因为没"得其情"，没有真正搞清楚对方的状况。如实地搞清楚对方的状况，就是"恕"道。这样的"恕"道，可以应用在大大小小、里里外外的所有事情。所以，孔子才跟子贡讲，"恕"这个字，可以让子贡终身奉行，一辈子受用。

3. 平等共处

现实中，邻里的生活有穷有富，地位有高有低，学识有深有浅。对这些不同状况的邻里，我们应该平等对待，而不要分厚薄。

对于生活条件比自己强，地位比自己高，学识比自己好的邻居，也不攀比，不谄媚，不嫉妒。可虚心学习他人的致富经验，学习他人的领导才能，学习他人的治学本领。那些生活条件比较糟，地位比较低，学识比较差的邻居，也不必气馁。否则，就会影响邻里关系。

4. 热心公益

社区是大家的，也靠大家共同关心和建设。热心社区公益事业，是每个公民所应具有的公德。要搞好邻里关系，也必须注意这一点。比如，对于居住区的公共卫生，要注意保持。若有清扫活动，要积极参与。对于居住区的义务劳动，要热心公益事业。不仅如此，还包括对居住区域公物的爱护。爱护公物，既是一项法律要求，

169

也是一项道德义务。爱护公物，就是遵守国家法律，就是爱护集体利益，就是从根本上自己爱护自身整体和长远的利益。

（三）新时代邻里互助的新要求

我们所讲的要搞好邻里关系、加强邻里互助，并不是指那些互相利用的庸俗关系，也不是提倡在物质上搞频繁的来往，更不是实行硬性摊派，而是针对邻居在经济上或精神上的实际困难，从社会责任感、同志友爱和社会主义人道主义出发主动实施的一种善行义举。

道德案例

安徽桐城六尺巷的故事

据记载，桐城出的最大的官，是康熙朝的张英和他的儿子张廷玉，都做到了文华殿大学士，人称父子双宰相。张氏故居，在今天六尺巷一带，当年宰相府第，已荡然不见痕迹，唯六尺巷的故事，仍在这块土地上流传，象征着一种气度和胸襟，给今人以启迪。相传张英在京为官时，家人飞马传送一封家书，

说是邻人吴氏盖房，占用了张家的宅基。张英看后，提笔写道："一纸书来只为墙，让他三尺又何妨。长城万里今犹在，不见当年秦始皇。"家人见了张英的诗，就让地三尺，吴氏受到感动，也退到三尺之外，于是，这桐城城里，从此就有了六尺巷道，取名"仁义胡同"，化干戈为玉帛。表面上看，张家让的是三尺房基地，而实际上，张家让的是宽容，是一种家庭美德。对今天新时代家庭美德建设仍然具有极强的道德启迪和现实意义。

1. 助人为乐，不应以邻为壑

邻里之间是一种地缘关系，既无血缘关系，又无法定关系，却交织着多方面的生活联系。如何做到邻里团结也是一门实实在在的学问。

随着信息移动技术的飞速发展，现代家庭的生活方式、休闲方式、交往方式等发生了很大变化，邻里关系面临许多新情况。特别是城市里的楼房越盖越多、越盖越高，不少家庭告别平房和大杂院搬进了设施齐全的单元住宅，客观上也给改善邻里关系带来诸多不便。但是，我们仍可以根据现代社会生活的要求，建立良好、新型的邻里关系。

加强邻里团结，建立良好的邻里关系，着重要做到"四互"：互尊，就是要尊重邻居的人格，尊重邻居的生活方式和生活习惯，切忌搬弄是非。还要尊重邻居的合法权益，如看电视、听音乐、唱歌、深夜谈话等声音要适当，浇花、养鸟等不要给邻居带来麻烦。互助，要破除"各人自扫门前雪，休管他人瓦上霜"的旧观念，视邻里的事情如自己的事情，视邻里的困难为自己的困难，从小事做起，积极主动地为邻居做好事，例如，收捡好邻居晾晒的掉在地上的衣服，扶老人或小孩上楼梯等。另外，还要主动搞好公共区域的卫生工作。有的家庭内部装潢像宾馆，一尘不染，楼梯过道垃圾成堆，不堪入目，曾有人戏曰："进入家门要赤脚，出了家门要跳脚。"这与现代社会文明显然是极不相称的。

互让，邻里之间长时间相处，难免会有磕磕碰碰的时候。一旦因生活琐事发生了矛盾，双方都不必斤斤计较，要讲风度、讲谦让，能解释的就解释清楚，不能解释的就让一步，互相让一让就过去了。邻里相争往往是进一步"狭路相逢"，退一步"海阔天空"。只有我们以"让"字去调剂邻里关系，就一定能使邻里和睦相处。互谅，要了解邻居的生活习惯，理解邻居的职业，谅解邻居的苦衷。对邻居要少一点抱怨，多一点宽容；少一点指责，多一点赞扬；少一点品头论足，多一点相互学习；少一点斤斤计较，多一点热忱关怀。

2. 宽容大度，不应寸步不让

树立"远亲不如近邻"的理念。近几年，在城市由于住房紧张，在农村由于农户院庭面积需要量增大，有时邻里间因公用部位、水电设备使用、建房圈院等事发生纠纷，甚至为一滴水、一度电、一寸地、一句话等鸡毛蒜皮小事，争吵不休直至动武。有些纠纷即使平息下来，邻里关系也总是处于不和谐状态，甚者十年八年互不说话。这时，就需要双方宽容大度，要克己待人，宽宏忍让，不要斤斤计较、不要寸步不让，更不做方便自己却有损于他人的事情。

宽容是一种美德。纵览古今，凡在事业上有所建树的人，都有着宽容的美德。战国时的蔺相如，三让廉颇；三国时的诸葛亮，七擒七纵孟获。长征时的朱德同志，受尽委屈，终于团结了红四方面军的广大指战员，粉碎了张国焘企图分裂红军的阴谋，受到毛主席赞扬"意志坚如铁，度量大如海"。法国著名作家雨果说得好："世界上最宽阔的是海洋，比海洋更宽阔的是天空，比天空更宽阔的是人的胸怀。"清代爱国英雄林则徐说："海纳百川有容乃大，山高万切无欲则刚。"对于这些榜样，我们应该像他们学习，作一个胸怀宽阔，气度恢宏的人。

有容，就是说在为人处事上能谅解邻居的过失，能忍让邻居的冒犯，像大海一样笑纳百川。无欲，就是不嫉邻居之才能，不妒邻居之财富，不笑邻居之缺欠，像高山那样巍然屹立，"心底无私天地宽"。事实证明，胸怀豁达的人总是得到别人的敬重和称誉；心胸狭窄的人总是最终受到人们的唾弃和不耻。战国时的庞涓，兵败马陵道；三国时的周瑜，吐血而命丧黄泉，都与心胸狭窄密切相连。当然，宽容并不意味着让你是非不分、爱僧不明；也不是让你曲直不清、麻木不仁。我们所说的宽容，是有原则的宽容，不是盲目的宽容。

3. 平等互信，不应嫌贫爱富

平等互信，就是邻里之间要平等待人、相互信任。看人要看他人之长处，学人要补自己之短处。

消除影响邻里互助的不良因素。在邻里相处中，要加强自己的思想修养，对邻居要一视同仁，不传闲话；要尊重邻居的生活方式和正常的生活习惯，不要把自己的观点和愿望强加于人。邻里之间的矛盾大多是由于猜疑引起的，矛盾产生后，轻者吵闹一番，重者大动干戈，甚至酿成残祸。因此，邻里之间，要相互信任，坦诚相待，千万不可无中生有，胡乱猜疑，更不能杯弓蛇影，捕风捉影。

173

英国著名思想家培根说得好："心思中的猜疑有如鸟中的骗蝠，它们永远是在黄昏里起飞。"他认为，猜疑的根源产生于对事物缺乏清醒的认识，所以多了解情况，开诚布公地与所疑的一方相见，是解除疑心的有效办法。

4. 热心公益，不应自私自利

积极开展"邻里守望"志愿服务。热心公益事业，应是新时代每个公民所应具有的公德。要搞好邻里关系，也必须注意这一点。比如，对于居住区的公共卫生，要注意自觉保持，做好垃圾分类。若有清扫活动，要积极参与。对于居住区的义务劳动，要积极主动参加。

热心公益事业不仅如此，还包括对居住区域公物的爱护。公物，就是大家共有的物品，它属于整个小区居民所有。爱护公物，是社会主义道德的重要规范之一，是每个公民的道德义务。我国宪法明确规定，社会主义的公共财产神圣不可侵犯，中华人民共和国公民必须爱护公共财产。由此可知，爱护公物不单单是一项道德义务，也是一项法律义务。

我们要牢固地树立起公共财产神圣不可侵犯的道德观念，并形成自觉的行为准则。要知道，公共财物是广大民众生活、工作的物质保障。因此，我们要自觉地爱护公共服务设施，爱护国家的自然资源。实际上，公共财物是物化了的集体利益，爱护公物，就是爱护集体利益，这正是社会主义道德原则的体现。

我们要勇敢地同损害公共财物的行为作斗争。公共财物既是物化了的集体利益，那么，任何损害公共财物的行为，都是损害国家和民众利益的行为。对这种行为，我们不能听之任之，熟视无睹，而应该勇敢地进行批评和斗争。

破除"各人自扫门前雪"旧思想。一些人在邻里生活中自顾自己，丝毫不关心他人。这些人信奉"万事不求人，别人也勿求我"的庸俗的处世哲学，闭门自居，对邻里感情淡漠，或者认为"多一事不如少一事，以免惹事生非"，他们对邻里，有求不应，甚至见危不救，这是一种典型的旧式小市民心态。针对小区内的不良现象，我们要敢于制止，我们不应做"沉默的大多数"。

5. 垃圾分类，创建绿色家庭

住建部的相关负责人表示，2019 年计划投入 213 亿元，到 2020 年年底，将会在先行先试的 46 个重点城市基本建成垃圾分类处理系统。2019 年 7 月 1 日起，《上海市生活垃圾管理条例》正式实施，上海开始普遍推行强制垃圾分类。46 个重点城市中的北京、上海、太原、长春、杭州、宁波、广州、宜春、银川 9 个城市已出台生活垃圾管理条例，明确将垃圾分类纳入法治框架，

《纲要》链接

积极践行绿色生产生活方式。绿色发展、生态道德是现代文明的重要标志，是美好生活的基础、人民群众的期盼。

开展创建节约型机关、绿色家庭、绿色学校、绿色社区、绿色出行和垃圾分类等行动，倡导简约适度、绿色低碳的生活方式，拒绝奢华和浪费，引导人们做生态环境的保护者、建设者。

其中北京是首个立法城市。

（1）垃圾分类的优点。一是减少占地。生活垃圾中有些物质不易降解，使土地受到严重侵蚀。垃圾分类，去掉可以回收的、不易降解的物质，减少垃圾数量达60%以上。

二是减少污染。我国的垃圾处理多采用卫生填埋甚至简易填埋的方式，占用上万亩土地；并且虫蝇乱飞，污水四溢，臭气熏天，严重污染环境。

三是减少危害。土壤中的废塑料会导致农作物减产；抛弃的废塑料被动物误食，导致动物死亡的事故时有发生。因此回收利用还可以减少危害。

四是变废为宝。中国每年使用塑料快餐盒达40亿个，方便面碗5亿至7亿个，一次性筷子数十亿双，这些占生活垃圾的8%-15%。1吨废塑料可回炼600公斤的柴油。回收1500吨废纸，可免于砍伐用于生产1200吨纸的林木。一吨易拉罐熔化后能结成一吨很好的铝块，可少采20吨铝矿。生活垃圾中有30%至40%可以回收利用，应珍惜这个小本大利的资源。大家也可以利用易拉罐制作笔盒，既环保，又节约资源。而且，垃圾中的其他物质也能转化为资源，如食品、草木和织物可以堆肥，生产有机肥料；垃圾焚烧可以发电、供热或制冷；砖瓦、灰土可以加工成建材等等。各种固体废弃物混合在一起是垃圾，分选开就是资源。如果能充分挖掘回收生活垃圾中蕴含的资源潜力，仅北京每年就可获得11亿元的经济效益。可见，消费环节产生的垃圾如果及时进行分类，回收再利用是解决垃圾问题的最好途径。

（2）垃圾分类。生活垃圾分为厨余垃圾、可回收物、有害垃圾、其他垃圾四大基本品类。

第一，可回收物。主要包括废纸、塑料、玻璃、金属和布料五大类。废纸：主要包括报纸、期刊、图书、各种包装纸等。但是，要注意纸巾和厕所纸由于水溶性太强不可回收。塑料：各种塑料袋、塑料泡沫、塑料包装（快递包装纸是干垃圾）、一次性塑料餐盒餐具、硬塑料、塑料牙刷、塑料杯子、矿泉水瓶等。玻璃：主要包括各种玻璃瓶、碎玻璃片、暖瓶等（镜子是干垃圾）。金属物：主要包括易拉罐、罐头盒等。布料：主要包括废弃衣服、桌布、洗脸巾、书包、鞋等。

第二，其他垃圾（上海称干垃圾）。包括除上述几类垃圾之外的砖瓦陶瓷、渣土、卫生间废纸、纸巾等难以回收的废弃物及尘土、食品袋（盒）。采取卫生填埋可有效减少对地下水、地表水、土壤及空气的污染。大棒骨因为"难腐蚀"被列入"其它垃圾"。玉米核、坚果壳、果核、鸡骨等则是餐厨垃圾。卫生纸：厕纸、卫生纸遇水即溶，不算可回收的"纸张"，类似的还有烟盒等。餐厨垃圾装袋：常用的塑料袋，即使是可以降解的也远比餐厨垃圾更难腐蚀。此外塑料袋本身是可回收垃圾。正确做法应该是将餐厨垃圾倒入垃圾桶，塑料袋另扔进"可回收垃圾"桶。果壳：在垃圾分类中，"果壳瓜皮"的标识就是花生壳，的确属于厨余垃圾。家里用剩的废弃食用油，也归类在"厨余垃圾"。尘土：在垃圾分类中，尘土属于"其它垃圾"，但残枝落叶属于"厨余垃圾"，包括家里开败的鲜花等。

第三，厨余垃圾（上海称湿垃圾）。包括剩菜剩饭、骨头、菜根菜叶、果皮等食品类废物。经生物技术就地处理堆肥，每吨

案例链接

2019 年 7 月 1 日，《上海市生活垃圾管理条例》正式实施，生活垃圾按照"可回收物"、"有害垃圾"、"湿垃圾"、"干垃圾"的分类标准。没有垃圾分类和未指定投放到指定垃圾桶内等会被罚款和行政处罚。如果个人没有将垃圾分类投放最高罚款 200 元人民币，单位混装混运最高罚款 5 万元人民币。

2019 年 11 月 27 日，北京市十五届人大常委会第十六次会议表决通过《关于修改〈北京市生活垃圾管理条例〉的决定》，生活垃圾分为厨余垃圾、可回收物、有害垃圾、其他垃圾四大基本品类，修改后的《条例》注重源头减量，鼓励快递企业回收快件包装材料，设定多项罚则，餐饮、旅馆主动提供一次性用品处 5000 元以上罚款，对个人处罚重点把握处罚与教育相结合的原则，个人不按规定分类投放垃圾，多次违规或将被处 50 元以上 200 元以下罚款，自愿参加生活垃圾分类等社区服务活动的，不予行政处罚，垃圾混装混运也将被处罚。修改后的《条例》2020 年 5 月 1 日起正式施行。

《郑州市城市生活垃圾分类管理办法》于 2019 年 12 月 1 日起施行。郑州市生活垃圾采取厨余垃圾、可回收物、有害垃圾、其他垃圾的四分类法，生活垃圾应当分类投放、收集、运输和处置。不按要求投放的，由城市管理综合执法部门责令改正，拒不改正的，对单位处 1000 元以上 3000 元以下罚款，对个人处 50 元罚款。此外，生活垃圾收集、运输单位未按照规定的时间或者路线收集、运输生活垃圾的，由城市管理综合执法部门责令限期改正，处 5000 元以上 10000 元以下罚款。

可生产 0.6—0.7 吨有机肥料。

第四，有害垃圾。有害垃圾含有对人体健康有害的重金属、有毒的物质或者对环境造成现实危害或者潜在危害的废弃物。包括电池、荧光灯管、灯泡、水银温度计、油漆桶、部分家电、过期药品、过期化妆品等。这些垃圾一般使用单独回收或填埋处理。

（3）建立超前的分类回收体系。第一，树立垃圾分类的观念。广泛开展垃圾分类的宣传、教育和倡导工作，使消费者树立垃圾分类的环保意识，阐明垃圾对社会生活造成的严重危害，宣传垃圾分类的重要意义，呼吁消费者积极参与垃圾分类。同时教会消费者垃圾分类的知识，使消费者进行垃圾分类逐渐成为自觉和习惯性行为。

第二，改造或增设垃圾分类回收的设施。可将一个垃圾桶分割成几个隔段或建立几个独立的分类垃圾桶。垃圾分类应逐步细化。垃圾分类搞得越细越精，越有利于回收利用。用不同颜色的垃圾桶分别回收玻璃、纸、塑料和金属类包装垃圾、植物垃圾、生活垃圾、电池灯泡等特殊的垃圾。垃圾桶上必须注明回收的类别和简要使用说明，指导消费者使用。

第三，改善垃圾储运形式。对一些体积大的垃圾，应该压缩后进行储运。尤应注意的是，要对环卫部门的垃圾回收车进行分隔式的改造，分类装载垃圾。充分发挥原有垃圾回收渠道的作用，将可再生利用的垃圾转卖到企业。另外，建立垃圾下游产业的专门回收队伍，由厂家直接回收，实现多渠道回收，引入价格和服务的竞争机制，以此提高他们的服务质量和垃圾的回收率。

第四，实行家庭短期收集，定期分时段分类回收。可以将垃圾分类一星期内暂时由家庭保管，环卫每天早晨收集容易腐烂的菜叶等餐厨垃圾，每天中午收集可以回收利用的垃圾，中午收集建筑垃圾，晚上收集其他垃圾。社区或物业管理部门定期对新来户上门指导或发宣传册，让居民都知道如何垃圾分类。养成爱护环境就是爱护自己的习惯。

七、新时代家庭美德建设途径与方法

　　新时代家庭美德建设，离不开祖国发展，是和祖国发展同步伐、共进步的，因此，一定要放在爱国这一总要求下开展实现爱家和爱国相统一。习近平总书记早在 2016 年 12 月 12 日在会见第一届全国文明家庭代表时的讲话中指出："中国人历来讲求精忠报国，革命战争年代母亲教儿打东洋、妻子送郎上战场，社会主义建设时期先大家后小家、为大家舍小家，都体现着向上的家庭追求，体现着高尚的家国情怀。广大家庭都要把爱家和爱国统一起来，把实现家庭梦融入民族梦之中，心往一处想，劲往一处使，

《纲要》链接

　　通过多种方式，引导广大家庭重言传、重身教，教知识、育品德，以身作则、耳濡目染，用正确道德观念塑造孩子美好心灵；自觉传承中华孝道，感念父母养育之恩、感念长辈关爱之情，养成孝敬父母、尊敬长辈的良好品质；倡导忠诚、责任、亲情、学习、公益的理念，让家庭成员相互影响、共同提高，在为家庭谋幸福、为他人送温暖、为社会作贡献的过程中提高精神境界、培育文明风尚。

181

用我们4亿多家庭、13亿多人民的智慧和热情汇聚起实现'两个一百年'奋斗目标、实现中华民族伟大复兴中国梦的磅礴力量。"2019年2月3日习近平总书记在2019年春节团拜会上讲话指出："我们要在全社会大力弘扬家国情怀，培育和践行社会主义核心价值观，弘扬爱国主义、集体主义、社会主义精神，提倡爱家爱国相统一，让每个人、每个家庭都为中华民族大家庭作出贡献。"

（一）营造和睦的家庭关系是新时代家庭美德建设的内在要求

新时代家庭美德建设是社会文明程度的一个重要标志。2015年2月17日习近平总书记在2015年春节团拜会上指出："不论时代发生多大变化，不论生活格局发生多大变化，我们都要重视家庭建设，注重家庭、注重家教、注重家风，紧密结合培育和弘扬社会主义核心价值观，发扬光大中华民族传统家庭美德，促进家庭和睦，促进亲人相亲相爱，促进下一代健康成长，促进老年人老有所养，使千千万万个家庭成为国家发展、民族进步、社会和谐的重要基点。"2016年12月12日习近平总书记在会见第一届全国文明家庭代表时强调："今天受到表彰的家庭，要珍惜荣誉、再接再厉，带动全国千千万万个家庭行动起来，共同为促进家庭和睦、亲人相爱、下一代健康成长、老年人老有所养而努力，共同为提高全社会文明程度而努力。"

1. 促进家庭和睦

各正其位促和谐。现代社会离婚率高，根源之一就在于家庭中成员"位"的错乱，导致家庭不和睦。中国传统家庭之所以稳固，最核心的一个字是"位"。什么是"位"？就是为父母者应尽父母之本分，为子女者应尽子女之本分。父母有父母的样子，小孩才会有小孩的样子。这里所讲的"位"不是西方所讲的权利和义务，而是名分和位序。

家庭要有规矩，这就是孔子所讲的"从心所欲，不逾矩"。家长从小给孩子定了规矩，这个规矩只要不过分，小孩将来反而会比较自由。孟子说："民为贵，社稷次之，君为轻。"中国先人讲民本。民本，就人与人之间关系而讲就是以民为本，时时刻刻替别人着想。在一个家庭里，父母随时都会关心小孩，考虑事情都以小孩的长远发展为起点；在一个国家，为政者应该时刻把百姓的事情放在心上，以百姓的长远利益为本。以民为"本"，不等于以民为"主"。比如，孩子偏食，父母当然不能完全顺着他。所谓"民主"，就是他爱吃啥吃啥，一切由他决定；所谓"民本"，则是为了他的健康，规定他饮食有度、不可偏废。如果完全由孩子自由选择食物，有多少孩子会选择吃炸鸡、薯条、可乐这些垃圾食品呢？食物不能由孩子来"民主"，其他事情更是如此。如果每天的时间安排由孩子来"民主"决定，他很可能整天沉溺于打游戏。

家庭和睦贵在"仁"。"仁"，形象地说，就是果仁的"仁"，就是核心、本质。一个人心中有了"仁"，就能对他人、对世界，都有一份活泼泼的真心好意，就能与人有同理心。仁，就是《易经》所讲的"感而遂通"。"仁"，是家庭和谐兴旺的基因。家庭和谐，就是做人要有好心、对人要有善意，体人所苦，知人所难，推己及人，感同身受，把人当人。中国传统的"仁"，也体现在《论语·公冶长篇第五》记载中。颜渊曰："愿无伐善，无施劳。"也就是说，颜渊在回答老师孔子关于志向的提问时，他的愿望就是当做好事的时候，不愿夸耀自己的好处，也不愿意显扬自己的功劳；也就是有真心的善意，过了也就过了，不必念念不忘；再劳苦的劳动、功劳，做了就做了，不必显摆。

家庭教育促成长。家庭教育是指家庭成员之间相互的知识传授、情感交流和文化影响活动。家庭教育具有文化习俗传承的原生态性、现代教育理念与技术影响下的时代性、教育与被教育对象角色转化的多向性、家庭成员持续集体学习的终身性等特征。

家庭属于一定的私人领域，家庭教育具有私人属性，家风、家教、家训构建起多样化的家庭教育情景，通过家庭潜移默化的教养，加上社会环境的催化，孩子成就鲜明的个性。一般而言，家长更高的受教育水平、道德水准、思想觉悟、政治素质等综合素质对于儿童成长、家庭和睦都会产生持续的积极影响。

健康成长是人一生的任务，家庭教育就是要使每个人的潜能得到充分发挥，成长为最好的自己，塑造美好心灵。知识与学业只是成长的一部分，人格、能力、思想、道德同样需要发展，并且是最重要的发展。家庭要为孩子的生命发展提供良好的环境与条件。家长要特别重视家庭建设，注重家风与家教，一个健康的家庭才能成为孩子人生的"好学校"。

家长还要特别注重新时代孩子的新需求。孩子们作为成长在网络时代的"原住民",有着不同于以往的新特点。家长要多学习科学的教育理念,尊重孩子的成长规律,构建健康和谐的亲子关系,营造和睦向上的家庭氛围。

2. 促进亲人相亲相爱

有时父母会困惑,把孩子养大,让他吃饱穿暖,刻苦学习,考个好大学,毕业后找个好工作,然后恋爱、结婚、生子,再养育孩子……无限循环。这就是家庭教育的初衷吗?事实上,父母养育子女的任务远不止学习读书、有个好工作这么简单,家庭教育的目标是要让孩子有能力获得幸福,用正确道德观念塑造孩子美好心灵,成为对社会、对祖国有用的人。

无数事例证明,决定一个人成功与幸福的因素有很多,合作、宽容、坚持、耐心、诚实、责任心等良好的品质,在人的成才路上起到了远远超过智商的作用。现代教育理论认为,"德商"是现代人才的一个本质特征。在智商、情商之后,"德商"的概念之所以出现,是因为人们认识到了道德的重要意义。一个高智商的人如果没有高情商,不会控制情绪,不懂得与他人相处,自然无法成功;一个高智商、高情商的人,如果没有美德,他就不会成为对社会有贡献的人。这样的人,也不能算是真正的人才,他的人生也未必幸福,幸福也未必长久。

家长要把握家庭教育的重点,做到守土有责,抓好主责主业。家庭教育要避免重智育轻德育、重知识轻能力、重身体轻心灵的误区,要把教孩子学会做人、学会做事作为核心内容,培养孩子具有爱的品质和能力。让孩子的眼睛能看到幸福，让孩子的心感受到幸福，是家庭教育不可推卸的责任，也是父母为孩子构筑幸福人生的关键。所以，关注品德，培养责任心、懂得感恩、学会尊重、敬重规则、合作守时、善待他人、懂得宽容……这些都是家庭应给孩子上好的"人生第一课"。

3. 促进下一代健康成长

师者，传道授业解惑也。父母作为孩子的第一任老师，要给孩子传人生之道、授生活之业、解成长之惑。父母要帮助孩子认识生命的真谛，了解生活的意义；父母要培养孩子的生活技能，增长孩子的生活能力；父母也要了解孩子的成长烦恼，为孩子答疑解惑。著名教育家陶行知说过："德高为师，身正为范"，父母要做孩子的好老师，就要不断地自我教育、自我成长、自我发展，以身作则，成为孩子生活的好榜样。

家庭教育对第一任老师的要求非常高，需要父母不断提升素质，做更好的自己，才能担得起第一任老师的职责。要有与孩子一同学习成长、共同探索的心理状态和行动准备。然而，有的父母自从有了孩子之后便没了自己，只想孩子有个精彩人生；有的父母并未做好角色转换，虽然做了父母仍然每天玩着电脑游戏吃着外卖睡着懒觉；有的父母并不想让孩子有丰富多彩的生活，孩子的世界里只有书本、习题和分数，一家人的喜怒哀乐都与分数、排名紧密挂钩。这一切均源于父母缺乏自我发展的意识。要想孩子优秀，父母要先学会优秀；要想孩子精彩，父母要先懂得何为精彩，这样才有资格做孩子的人生导师，帮助孩子拓展生命的长宽高。

在《论语》里，陈亢请教孔子的儿子伯鱼说："你在孔子那里听过不同的教诲吗？"伯鱼说："没有。"有一次，孔子问伯鱼："学《诗》了吗？"伯鱼说："没有。"孔子说："不学《诗》，无以言。"还有一次，孔子问伯鱼："学《礼》了吗？"伯鱼说："没有。"孔子说："不学《礼》，无以立。"陈亢退而喜曰："问一得三，闻诗，闻礼，又闻君子之远其子也。"

这段话的核心在最后一句话：与自己的儿子保持适当的距离。一个健康的家庭，父母有自己的生活，孩子有自己的生活。父母和子女，最好的状态是处于有情和无情之间，不要陷溺其中。情感如蜜糖，必须化得开。如果父母的感情太滥，孩子的压力也会过重，反而不易成长。

最近，媒体报道：有一名男演员的妈妈，为了不让儿子做饭，跟着儿子跑剧组，儿子在哪儿拍戏，她就跟到哪儿。因为不想看到儿子被打，她不许儿子接古装戏和武打戏。怕儿子上火，她常年给儿子榨果汁，每天凌晨起床熬梨汤。结果，被妈妈控制了近四十年的儿子，实在忍无可忍。他一直想逃离妈妈的掌控，但妈妈总会使用"苦肉计"。回家时，他发现妈妈在哭。这种密不透风的爱，就像无形的枷锁，让孩子陷入了恐慌状态，痛苦不堪。

其实，每个父母也都知道，孩子总归要离开自己。父母可以在孩子年幼时提供舒适的生活，但不可能陪孩子一辈子。总有一天，孩子要独自面对这个有点残酷的世界。人在幼年，需要依赖成人的保护和供养。家庭就是孩子的"温室"。在父母的眼中，儿女是永远都长不大的。靠着父母的呵护，孩子不必在能力还不够的时候去直接应付外面的世界与争斗。在冷酷的社会环境中，父母就是孩子的缓冲带。孩子从小只要张嘴哭，就有奶汁；只要伸手要，就有玩具。这世界，真是一个随心所欲的童话世界。若是孩子永远能得到这优待，将成为童话世界里的王子或公主。

然而，真实的世界哪里会是童话世界？世界资源有限，到处充满竞争，一切东西都得费心费力去求取。一个孩子在家里生活得太久，往往会在社会环境中失去适应的能力。因为，家里多的是迁就、谦让，少的是争斗、竞争。一个在家里从来没有受过惩戒的孩子，一旦遇到社会的残酷竞争，就会惊慌失措。

婴儿靠母乳才能生长，但长大之后，却不能再吃母乳了。母乳不但不能满足长大了的孩子的营养需要，而且对于孩子的消化能力也有不良影响。于是，这才有了不愉快的"断乳期"，断乳了，孩子才有战斗力。家庭就像蚕茧，不论多么结实、多么美观，目的是给茧内的蛹一个成长和蜕化的机会。茧壳的完整性是暂时的，若是怕蚕宝宝受苦，只有把蚕宝宝闷死在茧内。可是，杀蛹完茧，又岂是作茧自缚者的本意？当今，很多孩子被称为"巨婴"。虽然生理年龄已经是成人，但心理年龄仍似婴儿。这些孩子毫无能力，弱不禁风，却又极度自私，只知道一味向父母索取，一味向他人抱怨。孩子在社会上活的健健康康，活的如鱼得水、游刃有余，才是父母最大的成功。

4. 促进老年人老有所养

"莫道桑榆晚，为霞尚满天。"一句脍炙人口的诗，一个温馨唯美的意象，寄托着习近平总书记对老同志的深切关怀和殷切期待。老同志的身上凝固着流逝的时间，记录着行进的历史，积淀下宝贵的经验。正是他们胼手胝足的艰苦奋斗，推动"中国号"巨轮走过昨天的风风雨雨，走在今天的航道，走向明天的深蓝。如今，虽然他们已是满头华发，但是"老骥伏枥，志在千里；烈士暮年，壮心不已"。他们凭借独特的政治优势、经验优势、威望优势，仍然能够充分发挥余热，发挥传、帮、带的作用，把优良的传统、先进的品格、宝贵的经验、积极的精神传递给年轻人，从而为"两个一百年"奋斗目标继续释放光和热、奉献力与行。因此，习近平总书记勉励离退休干部，身体退休了但精神不能退休，容颜老去了但斗志不能老去，老同志仍然可以大有作为、发挥余热，照亮中国梦的前进道路。

弘扬中华孝道。《论语·里仁篇》集中记载了儒家思想的孝道。"事父母几谏，见志不从，又敬不违,劳而不怨。"儒家认为，侍奉父母，如果父母有错应委婉地劝阻，看到自己的意思不被听从，任然要恭恭敬敬而不冒犯他们,只是内心担忧,但不怨恨。"父

经典名句

《酬乐天咏老见示》

人谁不愿老，老去有谁怜？

身瘦带频减，发稀冠自偏。

废书缘惜眼，多灸为随年。

经事还谙事，阅人如阅川。

细思皆幸矣，下此便翛然。

莫道桑榆晚，为霞尚满天。

——唐·刘禹锡

母在，不远游，游必有方。"孔子认为，父母在世，不离家远行，如果要外出也必须有确定的去处。"父母之年，不可不知也。一则以喜，一则以惧。"这就是说，父母的年龄，不可不记在心中。一方面为他们的高寿而欢喜，另一方面为他们的衰老而忧惧。

《酬乐天咏老见示》是中唐诗人刘禹锡（字梦得）酬和好友白居易（字乐天）的诗作。两人同以"咏老"为题赋诗，却表达了对生活的不同态度。刘禹锡和白居易，皆生于772年，诗交多年，曾合编《刘白唱和集》。

唐文宗开成元年（836年）秋，64岁的刘禹锡以太子宾客身份分司东都洛阳。斯时白居易也在洛阳。白居易先写一首《咏老赠梦得》："与君俱老也，自问老何如？眼涩夜先卧，头慵朝未梳。有时扶杖出，尽日闭门居。懒照新磨镜，休看小字书。情于故人重，迹共少年疏。唯是闲谈兴，相逢尚有余。"细致刻画了一些老年人的生理和心理特征，流露出悲观情绪。与白居易诗的悲观低沉不同，刘禹锡的酬答诗却昂扬向上。其中，"莫道桑榆晚，为霞尚满天"成为千古名句，充分表现了诗人豁达乐观、积极进取的人生态度。

"平语"
近人

　　要加强家庭建设，教育引导人们自觉承担家庭责任、树立良好家风，巩固家庭养老基础地位。

　　　　——习近平：《在中共中央政治局第三十二次集体学习时的讲话》（2016年5月27日），《人民日报》2016年5月29日

（二）注重父母的言传身教是新时代家庭美德建设的积极因素

家庭教育，最突出的就是家庭教"化"，就是熏习、就是耳濡目染，让家庭成员在无迹可寻、近乎天成的状态下，让人生之、长之、育之、成之。中国人讲"大化无形"，有此家庭正能量，人就能性情趋于平正，人所特有的精、气、神就能渐渐养成。

1．自觉承担家庭责任

家庭和谐幸福需要精心经营，经营离不开责任。俄国作家列夫·托尔斯泰曾有一句名言"幸福的家庭都是相似的"。传统家庭道德是以履行家庭责任为根基的。现代社会中对物质强烈的追求、事业工作的压力、新时代的理念都在冲刷、侵蚀着家庭责任，但不可动摇的是，责任是家庭和谐的保证，是为人之道、共处之道、和谐之道、幸福之道，是家庭美德观念的具体体现。习近平总书记 2016 年 1 月 12 日在第十八届中央纪律检查委员会第六次全体会议上指出：从近年来查处的腐败案件看，家风败坏往往是领导干部走向严重违纪违法的重要原因。不少领导干部不仅在前台大搞权钱交易，还纵容家属在幕后收钱敛财，子女等也利用父母影响经商谋利、大发不义之财。有的将自己从政多年积累的"人脉"和"面子"，用在为子女非法牟利上，其危害不可低估。古人说："将教天下，必定其家，必正其身。""莫用三爷，废职亡家。""心术不可得罪于天地，言行要留好样与儿孙。"

2. 父母做到以身作则

2016 年 12 月 12 日，习近平总书记指出："家庭是人生的第一个课堂，父母是孩子的第一任老师。孩子们从牙牙学语起就开始接受家教，有什么样的家教，就有什么样的人。家庭教育涉及很多方面，但最重要的是品德教育，是如何做人的教育。"2018 年 9 月 10 日，习近平总书记强调："家庭是人生的第一所学校，家长是孩子的第一任老师，要给孩子讲好'人生第一课'，帮助扣好人生第一粒扣子。"

（1）父母是孩子的第一任老师。家庭是人生的第一课堂。家庭生活涉及一个人生命周期的方方面面，"品德"、"如何做人"是家庭生活最核心的生活内容。家庭教育就是要围绕"品德"、"如何做人"形成孩子"美好心灵"的教育。这种教育和影响伴随一个人的一生。

2016 年 12 月 12 日习近平总书记在会见第一届全国文明家庭代表时指出：作为父母和家长，应该把美好的道德观念从小就传递给孩子，引导他们有做人的气节和骨气，帮助他们形成美好

经典名句

"不知耻者，无所不为。"

——北宋·欧阳修《集古录跋尾·魏公卿上尊号表》

"爱子，教之以义方。"

——《左传·隐公三年》

"爱之不以道，适所以害之也。"

——北宋·司马光《资治通鉴·晋纪十八》

心灵，促使他们健康成长，长大后成为对国家和人民有用的人。2014 年 5 月 30 日习近平总书记在北京市海淀区民族小学主持召开座谈会时指出：家庭是孩子的第一个课堂，父母是孩子的第一个老师。家长要时时处处给孩子做榜样，用正确行动、正确思想、正确方法教育引导孩子。要善于从点滴小事中教会孩子欣赏真善美、远离假丑恶。要注意观察孩子的思想动态和行为变化，随时做好教育引导工作。家庭教育"最重要的是品德教育，是如何做人的教育"。

中华民族历来强调父母家长在家庭教育中的重要作用。《三字经》讲"人之初、性本善，性相近、习相远"、"养不教，父之过"。《左传》讲"爱子，教之以义方"，《资治通鉴》讲"爱之不以道，适所以害之也"。中国流传下来的孟母三迁、岳母刺字、画荻教子等优秀传统故事都深刻地反映了家长积极担负对下一代的教育责任。习近平总书记还提到，小时候看了母亲买的小人书《岳飞传》，"岳母刺字"、精忠报国思想在他脑海中留下的印象很深。我国民间流传"三岁看老"的说法，也是反映出父母对孩子的重要影响以及重视家庭教育的客观状况。《论语·子路篇

"平语"近人

广大家庭都要重言传、重身教，教知识、育品德，身体力行、耳濡目染，帮助孩子扣好人生的第一粒扣子，迈好人生的第一个台阶。

——习近平：《在会见第一届全国文明家庭代表时的讲话》（2016 年 12 月 12 日），《人民日报》2016 年 12 月 16 日

第十三》记载子曰："其身正，不令而行；其身不正，虽令不从。"孔子说："他自身立得正，不下达命令事情也能实行；他自身不正，虽然下达命令，百姓也不会听从。"父母教育也是如此。

虽然每个时代有不同的道德观念，但是把符合时代的美好道德观念传递给孩子，增长"做人的气节和骨气"，帮助形成"美好心灵"，成为对国家和民族有用的人，始终是中华民族家庭中最重要的内容，也是新时代家庭生活中所倡导向上的家庭追求。

（2）重言教身教，教导如何做人。家庭教育的内容从吃喝拉撒睡到柴米油盐酱醋茶，样样都涉及，教育方式也各不相同。但是，最主要的影响孩子最深刻的还是父母家长的言传身教以及知识技能与高尚品德相融合的教育。可以说，用高尚品德贯穿知识技能教育和父母家长的身体力行，是家庭教育的最佳内容和方式。

新时代家庭教育应该坚持培养和践行社会主义核心价值观，把爱父母爱家庭成员之小爱推广到热爱党、热爱祖国、热爱人民、热爱中华民族之大爱，用小爱滋润大爱，用大爱指引小爱茁壮成长。更应积极传播践行中华民族优秀传统美德，做到尊老爱幼、男女平等、夫妻和睦、勤俭持家、邻里团结，奉行忠诚、责任、亲情、学习、公益的理念。古人讲："夫孝，德之本也。"家庭讲求老吾老以及人之老、幼吾幼以及人之幼，应尊敬老人、关爱老人。我们要在为家庭谋幸福、为他人送温暖、为社会作贡献的行动中提升美好心灵的精神境界。

（三）培育践行美德是新时代家庭美德建设的重要根基

家庭是培育践行社会主义核心价值观的重要场所。2016 年 12 月 12 日习近平总书记在会见第一届全国文明家庭代表时谈到："要在家庭中培育和践行社会主义核心价值观，引导家庭成员特别是下一代热爱党、热爱祖国、热爱人民、热爱中华民族。要积极传播中华民族传统美德，传递尊老爱幼、男女平等、夫妻和睦、勤俭持家、邻里团结的观念，倡导忠诚、责任、亲情、学习、公益的理念，推动人们在为家庭谋幸福、为他人送温暖、为社会作贡献的过程中提高精神境界、培育文明风尚。"

1．做到"五爱"

家庭是社会的细胞，社会有机体不可缺少的单元。要在家庭中培育和践行社会主义核心价值观，引导家庭成员特别是下一代实现爱家与热爱党、热爱祖国、热爱人民、热爱中华民族的有机统一。

中国共产党是伟大的党。中国共产党所做的一切，就是为中国人民谋幸福、为中华民族谋复兴、为人类谋和平与发展。2016 年 10 月 21 日习近平总书记在纪念红军长征胜利 80 周年大会上讲了一个真实的故事，充分彰显了共产党和人民的鱼水之情。在湖南汝城县沙洲村，3 名女红军借宿徐解秀老人家中，临走时，把自己仅有的一床被子剪下一半给老人留下了。老人说，什么是共产党？共产党就是自己有一条被子，也要剪下半条给老百姓的

"平语"
近人

> 我国爱国主义始终围绕着实现民族富强、人民幸福而发展，最终汇流于中国特色社会主义。祖国的命运和党的命运、社会主义的命运是密不可分的。只有坚持爱国和爱党、爱社会主义相统一，爱国主义才是鲜活的、真实的，这是当代中国爱国主义精神最重要的体现。今天我们讲爱国主义，这个道理要经常讲、反复讲。
>
> ——《习近平在中共中央政治局第二十九次集体学习时强调 大力弘扬伟大爱国主义精神 为实现中国梦提供精神支柱》，《人民日报》2015 年 12 月 31 日

人。同人民风雨同舟、血脉相通、生死与共，是中国共产党和红军取得长征胜利的根本保证，也是我们战胜一切困难和风险的根本保证。中国共产党之所以能够发展壮大，中国特色社会主义之所以能够不断前进，正是因为依靠了人民。中国共产党之所以能够得到人民拥护，中国特色社会主义之所以能够得到人民支持，也正是因为造福了人民。

我们的民族是伟大的民族。在五千多年的文明发展历程中，中华民族为人类文明进步作出了不可磨灭的贡献。近代以后，我们的民族历经磨难，中华民族到了最危险的时候。自那时以来，为了实现中华民族伟大复兴，无数仁人志士奋起抗争，但一次又一次地失败了。中国共产党成立后，团结带领人民前仆后继、顽强奋斗，把贫穷落后的旧中国变成日益走向繁荣富强的新中国，中华民族伟大复兴展现出前所未有的光明前景。

我们的人民是伟大的人民。人民是历史的创造者，群众是真

正的英雄。在漫长的历史进程中，中国人民依靠自己的勤劳、勇敢、智慧，开创了各民族和睦共处的美好家园，培育了历久弥新的优秀文化。

每个人都有理想和追求，都有自己的梦想。实现中华民族伟大复兴，就是中华民族近代以来最伟大的梦想。这个梦想，凝聚了几代中国人的夙愿，体现了中华民族和中国人民的整体利益，是每一个中华儿女的共同期盼。历史告诉我们，每个人的前途命运都与国家和民族的前途命运紧密相连。国家好，民族好，大家才会好。

在新中国历史中，有一位隐姓埋名的功臣叫黄旭华。他是我国第一代核潜艇总设计师，被誉为"核潜艇之父"。他曾与亲人神秘失联三十年。

20世纪50年代的一个新年，黄旭华出差到广东，经组织批准回了趟汕尾老家。母亲送别三儿子时，留下了简单几句话："你从小就离开家，那时候战争纷乱，交通不便，你回不了家。现在解放了，社会安定，交通恢复了，爸妈老了，希望你常回家来看看。"

黄旭华流着眼泪满口答应了母亲。没想到，这一离别，就是三十年。再相会时，父亲和二哥都已去世。他回忆说："父亲病重，我工作紧张没回去。父亲去世，我也没回去奔丧。父亲只知道他的三儿子在北京，不晓得在什么单位，只晓得信箱号码，不晓得什么地址，更不知道在干什么。"1956年，黄旭华与李世英结婚，次年大女儿黄燕妮出生。他开始研制核潜艇后，李世英独自操持着家里的大事小事。1987年，上海《文汇月刊》刊登长篇报告文学《赫赫而无名的人生》，记录了中国核潜艇总设计师的人生经历。黄旭华把文章寄给广东老家的母亲。文章中只提到"黄总设计师"，没有名字。但文中"他的妻子李世英"这句话让母亲知道，这个"黄总设计师"就是她的三儿子。

母亲没想到，三十年没有回家，被家里的兄弟姐妹们埋怨"忘记父母的不孝儿子"，原来在为国家做大事。多年后，黄旭华的妹妹告诉他，母亲当时一而再、再而三地读这篇文章，每次都是满面泪水。母亲把子孙叫到身边，说了一句让黄旭华感动不已的话："三哥（黄旭华）的事情，大家都要理解，都要谅解。"

家是最小国，国是千万家。在中国人的精神谱系里，国家与个人，是密不可分的整体。在国家危难、民族衰亡的时刻，爱家就要牺牲家庭。没有一代人的不幸，换不来几代人的存续与安宁。

2. 弘扬中华"孝道"

"孝"是中华民族优良的文化基因，是中华文化显著的精神标识。中华孝道，就是对父母之恩的感激与回报。要自觉传承中华孝道，感念父母养育之恩、感念长辈关爱之情，做到孝敬父母、尊敬长辈。推而言之，做到"老吾老以及人之老、幼吾幼以及人之幼"。

中国传统文化标举孝道，是因为我们受父母之恩最大、也最深。儒家的孝道、道家的复本、佛家的报恩，皆遵循于大自然的循环往复之理。臂如一株树，树根供给营养于树叶，树叶便吸收阳光而起了化学作用，把它又输送给树枝，是为根本。因有此报本，

"平语"
近人

　　要发扬中华民族孝亲敬老的传统美德，引导人们自觉承担家庭责任、树立良好家风，强化家庭成员赡养、扶养老年人的责任意识，促进家庭老少和顺。一个健康向上的民族，就应该鼓励劳动、鼓励就业、鼓励靠自己的努力养活家庭，服务社会，贡献国家。

　　——习近平：《加大力度推进深度贫困地区脱贫攻坚》（2017年6月23日），《人民日报》2017年9月1日

　　树根与树干乃更长大，更可供营养于树叶，而树叶又继续循环报本。这就是孝道，大孝是民族的根本。中华民族这株五千年大树，开花、结果、成熟，即是一代一代循环报本得来的。

　　中国人讲孝敬父母，西方人讲尊敬父母。中国人讲孝敬父母，有报恩的观念，这种观念深藏在中华文化基因里面。当中国人把孝上升到"孝道"时，就意味着孝与中华文化的"道"相关。孝敬父母，就是父母对我们有恩。生前要尽孝，死后要祭祀，这是表达心意的一种方式。西方人讲尊敬父母，没有报恩的观念。西方人认为，上帝造万物，父母扮演者托管人的角色，一个孩子成人之后就成为独立的个体了，你是你，我是我，父母和孩子没有什么关系了。中国人祭天地、祭祖宗、祭父母，皆是报恩。父母的生育和养活，这就是最大的恩情了，比起孩子能活下来，其他创伤都算不了什么。今天的孝敬，就是为了将来不后悔。

　　教育的"教"字，左边是"孝"，右边是"文"，意为教育以孝敬父母为基础。《孝经》指出："夫孝，德之始也，教之所由生也。"《孝经》把孝定义为"天之经也，地之义也，民之行也"。

199

这就把孝作为通达天地，顺乎人伦的根本之道。孝道是天地之本、人伦之本、道德之本、为政之本、秩序之本，是中华民族精神的根与魂。俗话说："百善孝为先，百行善为首。"从某种意义上说，孝道成为中华民族的一种民族心理和行为方式，成为中华民族的性格特征，与西方人的"无家可归"相比（基督教追求"上帝的国"，以进入"上帝之家"为目标），孝道文化是中华民族的定海神针和中国人精神家园的城墙，构筑中国人的精神长城必须弘扬孝道文化。家庭的孝道教育，说到底是感恩教育，由感恩父母可以扩展到感恩老师、感恩社会、感恩自然、感恩一切帮助过我们的人和事，这就奠定了一个孩子良好德性的基础。

儒家思想很好的解释了"孝"的真谛。孔子学生子夏问什么是孝？孔子说："色难。有事，弟子服其劳；有酒食，先生撰，曾是以为孝乎？"孔子说，在侍奉父母时能和颜悦色，这才是很难的。若仅仅是有事情由子女去操劳，有酒食先让父母享用，这样就算是孝了吗？孝顺出于子女爱父母之心，自然表现为和颜悦色。俗话说，久病床前无孝子。如果父母生病日久，子女的脸色很难看，这是很普遍也很无奈的事情。所以，没有和悦的脸色就不是真正的孝，这脸色不是装出来的，而是从内心流露出来的。

父母在，人生尚有来路；父母去，人生只剩归途。终有一天，一抔黄土将自己和父母分隔，你在这头，父母在那头。一个人，无论有多少光环，最重要的身份就是——父母的孩子，这是永远不变的血缘关系。人人都有父母，人人也终将为人父母。希望子女如何对待自己，自己就如何对待父母。孝顺，就是摸熟了父母的性格，然后去承欢；孝顺，就是让父母心安，也让自己心安。

3. 践行忠诚、责任、亲情、学习、公益的理念

倡导忠诚、责任、亲情、学习、公益的理念，推动家庭成员在为家庭谋幸福、为他人送温暖、为社会作贡献的过程中提高精神境界、培育文明风尚。这些理念是新时代家庭成员之间相互影响、共同进步的核心理念。其内涵就是夫妻之间要忠诚，家庭成员要有责任，成员之间有绵绵亲情，家庭有浓郁的学习氛围，对他人、社会积极做公益。

这些理念既是时代要求，也是对优秀传统文化的坚守。《论语·述而篇第七》记载：子以四教，文、行、忠、信。还记载子曰："三人行，必有我师焉。择其善者而从之，其不善者而改之。"这就反映了孔子教授学生四项基本内容：阅读文献、培养德行、有忠心、讲诚信；反映了孔子身体力行地坚持不断学习，借鉴改正自我不足。《论语·学而篇第一》记载曾子曰："吾日三省吾身：为人谋而不忠乎？与朋友交而不信乎？传不习乎？"忠诚和学习，成为《论语》所倡导的美德。子曰："十室之邑，必有忠信如丘者焉，不如丘之好学也。"爱好学习，始终是论语所倡导的一种美德。

崇德向善与做人气节是新时代家风家教的核心内容。习近平总书记指出：要"大力弘扬中华民族优秀传统文化，大力加强党风政风、社风家风建设，特别是要让中华民族文化基因在广大青少年心中生根发芽。"

做人，还要坚守骨气和气节，要有点"血性"。习近平总书记说："作为父母和家长，应该把美好的道德观念从小就传递给

孩子，引导他们有做人的气节和骨气，帮助他们形成美好心灵，促使他们健康成长，长大后成为对国家和人民有用的人。"除了做人教育内容之外，还很注重规则意识、平等意识、生态环保意识、劳动意识、科学探究意识、志愿精神的培育，他还十分关注青少年的身心健康。

（四）倡导好家风家规是新时代家庭美德建设的有效载体

春风吹过，万物生长。家风如春风，看似无影无踪，却又无处不在。一个家庭的历史可能太短，也许还形不成家风。但是，如果把时间拉长，就能形成一股风。家风，也称门风，就是一个家庭在长期生活、交往中形成的传统。在家庭里，父母长辈如何想如何做，孩子晚辈看在眼里，自觉不自觉地受其影响，也就模仿着跟着如何想和如何做，这是一种潜移默化的影响。家风所及，孩子晚辈有时未必能懂，但年深日久，这在"风"就下心中酝酿、发酵，等到机缘，自然就会产生能量。

1. 积善之家，必有余庆

家庭是心灵的归宿。家风影响着子孙成长，更能影响一个时

《纲要》链接

要弘扬中华民族传统家庭美德，倡导现代家庭文明观念，推动形成爱国爱家、相亲相爱、向上向善、共建共享的社会主义家庭文明新风尚，让美德在家庭中生根、在亲情中升华。

代的政风社风。优良家风能助推形成好的政风社风。人是有思想情感的动物，是基于物质生活又不局限于物质生活的高级动物。家庭是"人们心灵的归宿"。古人讲，积善之家，必有余庆；积不善之家，必有余殃。古今中外的历史和现实也都充分说明了，好的家风，能够使家庭和顺美满；不好的家风，就会殃及子孙、贻害社会。

北宋名臣范仲淹的家风中有两个字：行善。他曾花费巨资购置良田，但不是用来圈地致富，而是拿佃租接济贫寒不能自立的老百姓。一直到清朝雍正年间，范氏家族的后人还在不断注入资产，形成了一条横跨数百年的慈善事业。一次，范仲淹命其次子范纯仁用船往苏州运送五百斛小麦，以周济族人。途经丹阳，范纯仁听到附近的船上传来哭声，便靠船前去探问究竟。原来，这是诗人石曼卿护送亲人灵柩回乡安葬的船只。石曼卿是范仲淹好友，又是著名的清官廉吏，家道贫寒，其船至中途，钱尽粮绝，进退不能，故此伤感。范纯仁对石曼卿十分同情，决定将五百斛小麦连同船只一起送给他，自己徒步返回。到家后，范纯仁将路遇石曼卿之事告诉了父亲。范仲淹马上说："你为什么不把五百斛麦子给他？"范纯仁答道："我已经把麦子送给了他。"范仲淹又说："你应该把船也给他。"范纯仁又答道："我正是把船也给了他，才徒步返回的。"范仲淹大喜："这就对了，不愧是我的儿子！"南宋时期，兵荒马乱，烽火连天。无数田地、房屋被占用，范氏家族的"义田"所剩无几。但是，范仲淹的五世孙范良器、范之柔兄弟毫不犹豫地将私产全部捐献出来，使"义田"

恢复如初。到了明朝，"义田"再次遭到破坏，当时的清官苏州知府钟况得悉后，立即投入人力物力资助，再加上范氏后人的鼎力支持，重新撑起了这项慈善事业。当年，范仲淹在家族中播下一颗"仁"的种子，子孙后代不断地施肥灌溉，等到种子长成一棵参天大树，就变成了护卫整个家族的"保护伞"。

长篇小说《白鹿原》以陕西关中平原上素有"仁义村"之称的白鹿村为背景，反映了白姓和鹿姓两大家族祖孙三代的恩怨纷争。其实，这也是一个关于家风的故事。白嘉轩是白鹿原最后一位族长，他信奉着白家木匣子里的祖训，不卑不亢，宽厚仁义，一生挺直腰板做人，始终坚守正义，不问世事沉浮。鹿子霖是一

"平语"
近人

　　广大家庭都要弘扬优良家风，以千千万万家庭的好家风支撑起全社会的好风气。特别是各级领导干部要带头抓好家风。《礼记·大学》中说的："所谓治国必先齐其家者，其家不可教而能教人者，无之。"领导干部的家风，不仅关系自己的家庭，而且关系党风政风。各级领导干部特别是高级干部要继承和弘扬中华优秀传统文化，继承和弘扬革命前辈的红色家风，向焦裕禄、谷文昌、杨善洲等同志学习，做家风建设的表率，把修身、齐家落到实处。各级领导干部要保持高尚道德情操和健康生活情趣，严格要求亲属子女，过好亲情关，教育他们树立遵纪守法、艰苦朴素、自食其力的良好观念，明白见利忘义、贪赃枉法都是不道德的事情，要为全社会做表率。

　　——习近平：《在会见第一届全国文明家庭代表时的讲话》（2016年12月12日），《人民日报》2016年12月16日

个与白家争权夺势一辈子的人，他投机取巧，追名逐利，利欲熏心，甚至在白家困难时落井下石。鹿家辈辈奸猾，白家代代仁厚。鹿子霖本可以避免悲剧，但是他受贪图功利的家风影响，追求权势，行为不端，满心算计，最后凄凉的结局，就是多行不义的必然结果。家风不同，家族的命运也不同。

2016 年 12 月 12 日习近平总书记在会见第一届全国文明家庭代表时指出，家风是社会风气的重要组成部分。家庭不只是人们身体的住处，更是人们心灵的归宿。家风好，就能家道兴盛、和顺美满；家风差，难免殃及子孙、贻害社会，正所谓"积善之家，必有余庆；积不善之家，必有余殃"。我们要推动形成爱国爱家，相亲相爱，向上向善，共建共享的社会主义家庭文明新风尚。

2. 培育良好家风、家规

（1）传承优良的家风。家风就像春风，看似无踪无迹，却又无处不在。家风是一种熏陶，有时是言教，更多是无言之教。中华优秀传统文化、革命文化和我国社会主义先进文化，涵育出具有永恒魅力的家庭美德，讲述着一个个塑造美好心灵的故事，是推动新时代家庭文明建设的生动教材。

一是要讲好中华民族传统家庭美德故事。要善于从中华民族优秀传统文化中汲取道德滋养。《礼记·大学》中说："所谓治国必先齐其家者，其家不可教而能教人者，无之。"诸葛亮诫子格言、颜氏家训、包拯家训、朱子家训等家训文化蕴含着丰富的家庭美德故事。家和万事兴，孝亲敬老，尊老爱幼、妻贤夫安，母慈子孝、兄友弟恭，耕读传家、勤俭持家，知书达礼、遵纪守法，天下一家亲等中华民族传统家庭美德，构成新时代家庭文明建设的宝贵精神财富。

二是要讲好红色家风故事。红色家风是毛泽东等老一辈革命家和各个时代优秀共产党员在各个历史时期所建立倡导的优良家风，反映了他们爱家、爱党、爱国的赤字之心，寄托着修身齐家、廉洁奉公、教子有方的家庭观念。要讲好毛泽东、周恩来、朱德同志等老一辈革命家的家风故事，讲好革命英雄、烈士留给亲人、子女遗言的家书故事，讲好焦裕禄、谷文昌、杨善洲等革命前辈红色家风故事。2016 年 1 月 12 日习近平总书记在第十八届中央纪律检查委员会第六次全体会议上指出，在培育良好家风方面，老一辈革命家为我们作出了榜样。每一位领导干部都要把家风建设摆在重要位置，廉洁修身、廉洁齐家，在管好自己的同时，严格要求配偶、子女和身边工作人员。

三是要讲好新时代孝老爱亲故事。孝是"德之始也，教之所由生也"。孝老爱亲，血脉情深。要讲好新时代全国孝老爱亲模范的故事，讲好最美家庭、文明家庭的故事，使新时代家庭文明蔚然成风。

（2）党员干部做表率。习近平总书记 2016 年 1 月 12 日在第十八届中央纪律检查委员会第六次全体会议上讲话中引用了"莫用三爷，废职亡家"这句谚语，指出党员干部要在树立好家风方面做表率。

"莫用三爷，废职亡家"是清代流传甚广的一句谚语。"三爷"

经典谚语

谚曰：莫用三爷，废职亡家。盖子为少爷，婿为姑爷，妻兄弟为舅爷也。之三者未必才无可用，第内有蔽聪塞明之方，外有投鼠忌器之虑。威之所行，权辄附焉；权之所附，威更炽焉。任以笔墨，则售承行，鬻差票；任以案牍，则通贿赂，变是非；任以仓库，则轻出重入，西掩东挪。弊难枚举。

——清·汪辉祖《学治臆说·至亲不可用事》

指的是少爷、姑爷、舅爷，亦即儿子、女婿、妻兄弟。意在告诫为官者，不要任人唯亲，否则会丢官罢职、败家毁业。清代乾嘉年间的绍兴师爷汪辉祖，在州县任职多年，亲历目见，深知委用"三爷"之害，故大声疾呼革除这一积弊。自古而今，家风建设都是为人做官的重要课题。《左传》所记载的卫庄公宠溺儿子州吁的故事令人警醒：州吁喜好武事，卫庄公不加禁止，卫国大夫石碏劝告其约束州吁的行为，"宠子"不等于"爱子"。但卫庄公不听，导致州吁恃宠而骄，日益骄奢淫逸，最终惹来杀身之祸。

共产党以全心全意为人民服务为宗旨，广大党员干部更应该在弘扬优良家风方面做表率。习近平总书记特别提出"各级领导干部要带头抓好家风"。儒家经典讲求"修身、齐家、治国、平天下"，奉行的就是不能严格修身齐家者，不可能进行好治国平天下。新时代，党员干部更应继承和弘扬革命前辈的红色家风，向焦裕禄、谷文昌、杨善洲等同志学习，做到修身、齐家。在修身方面，应保持高尚道德情操和健康生活情趣，在齐家方面，应严格要求亲属子女，教育好他们树立遵纪守法、艰苦朴素、自食其力的良好观念，明白见利忘义、贪赃枉法都是不道德的事情，身体力行地用优良家风带动党风、促进政风、影响社风。

近年来，"失管失教"这一表述在不少被查处领导干部的案件通报中出现：中国南方电网有限责任公司原党组书记、董事长李庆奎"长期对家属失管失教"；云南省公安厅治安总队原总队长早明光"不重视家风建设，对配偶失管失教，造成不良社会影响"。

领导干部的家风建设，不是个人私事、家庭小事，而是体现领导干部作风、关系廉洁从政的大事，与党风政风民风也密切相关。剖析一些落马官员的案件，家风不正、对亲属子女失管失教，根子还是出在领导干部自身的思想上。

有的领导干部觉得自己忙于工作疏于亲情，让亲属子女得一些好处算作补偿；有的认为亲属子女经商办企业只是利用自己的影响力，而非自己直接以权谋私；有的精心设计，将人脉、资源等嫁接到亲属身上，甚至让其充当敛财的"中介"。凡此种种，皆是纪律规矩意识缺失，思想"总开关"没拧紧，出现了"跑冒滴漏"。领导干部对亲属子女失管失教乃至纵容，亲属子女就有可能谋取不正当利益，跨越法纪边界，越陷越深，领导干部自己也难以自拔，最终害己害人。

习近平总书记2016年1月12日在第十八届中央纪律检查委员会第六次全体会议上指出：我们着眼于以优良党风带动民风社风，发挥优秀党员、干部、道德模范的作用，把家风建设作为领导干部作风建设重要内容，弘扬真善美、抑制假恶丑，营造崇德向善、见贤思齐的社会氛围，推动社会风气明显好转。习近平总书记 2017 年 12 月在中共中央政治局民主生活会指出，不忘初心，牢记使命，首先要从中央政治局的同志做起。职位越高越要忠于人民，全心全意为人民服务。只有敬畏法律、敬畏纪律，自觉管住自己，在廉洁自律上作出表率，才能担起肩上的重任。中央政治局的同志都应该明史知理，不能颠倒了公私、混淆了是非、模糊了义利、放纵了亲情，要带头树好廉洁自律的"风向标"，推动形成清正廉洁的党风。要勤于检视心灵、洗涤灵魂，校准价值坐标，坚守理想信念。要增强政治定力、道德定力，构筑起不想腐的思想堤坝，清清白白做人、干干净净做事。要管好家属子女和身边工作人员，坚决反对特权现象，树立好的家风家规。 2018 年 3 月 10 日，习近平总书记在参加十三届全国人大一次会议重庆代表团审议时指出：所有党员、干部都要戒贪止欲、克己奉公，切实把人民赋予的权力用来造福于人民。要把家风建设摆在重要位置，廉洁修身，廉洁齐家，防止"枕边风"成为贪腐的导火索，防止子女打着自己的旗号非法牟利，防止身边人把自己"拉下水"。

（3）重视特定家庭建设。实现全体人民共同富裕，一个家庭也不能缺席。习近平总书记尤其关注一些贫困家庭建设，认为要通过发展教育使贫困家庭脱贫，国家教育经费要继续向贫困地区倾斜，帮助贫困地区改善办学条件，对农村贫困家庭幼儿特别是留守儿童给与特殊关爱。在深度贫困地区，我们应发挥集中力量办大事的社会主义制度优势，对于那些无法依靠产业扶持和就业帮助脱贫的家庭，加大扶贫力度，实行政策性保障兜底。针对一些贫困地区"等、靠、要"思想严重的现象，习近平总书记提出要加大内生动力培育力度，发扬中华民族孝亲敬老的传统美德，教育引导人们自觉承担家庭责任，强化家庭成员赡养、扶养老人的责任意识；教育引导依靠自己的努力养活家庭，用自己辛勤劳动实现脱贫致富，促进家庭老少和顺。领导干部应努力成为全社会的道德楷模，带头注重家庭，保持高尚品格，以实际行动带动全社会崇德向善。在保障和改善民生方面，习近平总书记强调要做好基础性、兜底性民生建设，特别是要多渠道安置好因去产能而转岗下岗职工就业，保证零就业家庭动态"清零"。

（五）建立新时代邻里互助中心

邻里互助中心，既是家庭生活的必要延伸，又是家庭美德建设的重要场所。邻里互助中心，既能帮助解决邻里之间日常或者突发性事务，还能满足家庭内部、邻里之间交流沟通过少所带来的情感方面、精神方面的需求。

1. 建立邻里互助中心的优势

邻里互助中心这一基于地缘关系的"家门口的聚会点"，不仅"门槛"低，而且方便家庭成员参与，满足了家庭成员尤其老人精神、文化、情感方面的需求，能得到家庭成员、老人们的欢迎。从邻里这一最基础的社会单元入手，在社区中开展松散型的邻里互助活动，既符合我国守望相助的文化传统，又丰富了新时代家庭成员、老年人的精神生活，是传统型养老服务的有益补充。

一是父母子女分居带来的血缘关系淡化。随着生活水平的提

"平语"近人

> 塑造美好心灵的家庭生活，是新时代家庭文明、社会主义精神文明建设的重要组成部分。党委和政府承担着领导责任，应不断谋划大力推动家庭文明建设。工会、共青团、妇联等群众团体都应结合着自身特点积极参与推动家庭文明建设。精神文明建设工作部门应积极发挥统筹、协调、指导、督促作用，动员社会各界广泛参与，必将形成爱国爱家、相亲相爱、向上向善、共建共享的社会主义家庭文明新风尚。
>
> ——习近平：《在会见第一届全国文明家庭代表时的讲话》（2016年12月12日），《人民日报》2016年12月16日

高，父母与子女分居的情况越来越多，子女外购新房居住，留下父母老人独居生活。在子女精神慰藉缺位的情况下，父母精神、文化和情感出现空虚，而邻里中心的出现正好填补了这一空白。

二是小区化居住方式带来地缘关系强化。邻里之间鸡犬相闻、相互经常见面、联系比较紧密，这为邻里互助中心的产生提供了肥沃的"土壤"。

三是父母已经退休多年带来的业缘关系弱化。以前曾经存在的职业、事业等原因引发的亲近关系容易疏远。

2. 构建新时代邻里互助中心

一是坚持自发组织与政府引导相结合。邻里互助中心活动要结合社区居民群众的不同，坚持贴近生活、贴近实际，街道引导各居委会做好需求排摸工作，针对社区群体构成、文化层次、兴趣需求，积极组建各种形式、各具特色的邻里中心，因地制宜、

定点定期地开展活动，吸引大批居民参与。街道本着政府主导、群众自治的原则，在坚持邻里互助中心居民自发、群众自治的前提下，积极提供组织支持和经费保障，使之沿着政府引导推动和群众自我管理两条脉络有序运行。

二是坚持自娱自乐与配套服务相结合。街道主动担当社会资源与邻里互助中心间的"中介人"，积极整合社区资源，加强对邻里互助中心的配套服务，积极争取社会各方面力量对邻里互助中心的支持和关注。例如，协调社区卫生服务中心为邻里互助中心提供医疗、保健服务，协调物业管理部门优先为邻里互助中心提供房屋维修服务，协调工会、共青团、妇联、少先队组织为邻里互助中心提供读报、讲故事、文艺表演服务等等。由各类志愿者组成的医疗小分队、为民服务队、法律援助队、知识传播队和聊天解闷队经常深入邻里互助中心，进一步充实了邻里互助中心的活动内容和工作资源。

三是坚持小邻里互助中心与大邻里圈相结合。提升邻里互助中心品质，优化邻里互助中心布局，根据社区居民多少、人群特点等，建立大小不同的聊天型、学习型、特色兴趣型、文体型等邻里互助中心。充分运用共产党员网站、社区报、学习强国等宣传阵地，加大舆论引导和宣传力度，及时公布各邻里互助中心的参与方式，吸引更多的居民群众根据自己的兴趣爱好和就近便利原则选择参加各类邻里互助中心活动。采取固定与流动相结合的形式，促进人员在各邻里互助中心之间有序流动，优化资源配置，增强生命活力，推动邻里互助中心向规模型、网络型、枢纽型方向发展。

四是坚持松散结构与网络结构相结合。成立邻里互助中心建设协调会，由街道办、居民区党委书记负责，相关科室、居民区、助老服务社、老年协会、社区文化活动中心和社会组织服务中心的负责人参加，加强邻里互助中心建设中的工作衔接、措施研商和力量协同，形成齐抓共管的工作合力。成立邻里互助中心工作自治组织，采取民间组织自我管理、自我教育、自我服务的形式，负责做好邻里互助中心自治工作，开展分类研究和指导，促进相互交流与合作。以委托社会组织管理运作的方式，成立邻里互助中心建设促进中心，使松散的邻里互助中心组织进化为统一管理的邻里互助中心联合体。

五是坚持关注中心整体与关注个体相结合。注重发挥有热心、有责任心、有奉献精神的群众领袖作用，努力培育邻里互助中心的自主运作能力，使邻里互助中心建设由单纯追求数量向更为重视质量转变。在一定基础上，以满足人群的物质和精神需求为出发点和落脚点，进行科学合理的功能定位，将发展较为成熟的邻里互助中心进一步培育为邻里团队，形成诗词欣赏、歌咏练习等一批邻里特色品牌。

六是坚持服务自我与服务社会相结合。随着邻里互助中心的不断发展壮大，其在推进社区建设和发展中的积极作用日益凸显。在街道创建文明城区过程中，邻里互助中心的居民响应号召，率先行动，主动担当志愿者，宣传精神文明，维护社区的环境卫生整洁，充分体现了其奉献社会的责任感。

后　记

为了更好地学习贯彻落实中共中央、国务院印发的《新时代公民道德建设实施纲要》精神，推进新时代公民道德建设的创新发展，我们根据《新时代公民道德建设实施纲要》明确提出的新时代公民道德建设"要把社会公德、职业道德、家庭美德、个人品德作为着力点""全面推进社会公德、职业道德、家庭美德、个人品德建设""不断提升公民道德素质，促进人的全面发展，培养和造就担当民族复兴大任的时代新人"的要求，组织编写了这套新时代公民道德建设丛书。

本书是这套丛书的第三部，即家庭美德建设部分。本书写作人员的分工是：尹红领具体负责编撰一、五、六、七，王雪萍具体负责编撰二、三、四。

本书系河南省政研会选定，中国政研会审批的《中国政研会2020年重点调研课题》，由教育部高校人文社科重点研究基地郑州大学公民教育研究中心资助出版，得到了河南省育英素质教育研究院和中国言实出版社的大力支持。在此，表示衷心感谢。

本书编写过程中，得到课题组工作人员的全程服务，在此特向林建中、王海标、吴燕娜等同仁表示由衷的感谢。

由于作者水平有限，不当之处，敬请批评指正。

作者

2020 年 4 月 10 日